Großsteingräber – Grabenwerke – Langhügel

Großsteingräber Grabenwerke Langhügel

Frühe Monumentalbauten Mitteleuropas

JOHANNES MÜLLER

THEISS

Sonderheft 11/2017
Jahrgang 01/2017
der Zeitschrift »Archäologie in Deutschland«

Frontispiz: Studenten bei der Ausgrabung des Großsteiingrabes Wangels in Ostholstein.

Umschlagabbildung Titelseite: Das Großsteingrab Birkenmoor 3 bei Kiel (Schleswig-Holstein).

Rückseite: links: das Großsteingrab Brutkamp in Albersdorf (Schleswig-Holstein); Mitte: der Depotfund von Neuenkirchen (Mecklenburg-Vorpommern); rechts: Rekonstruktion einer Bestattung an einem Großsteingrab.

Die Deutsche Nationalbibliothek verzeichnet diese Publikation in der Deutschen Nationalbibliografie; detaillierte bibliografische Daten sind im Internet über http://dnb.d-nb.de abrufbar.

Der Konrad Theiss Verlag ist ein Imprint der WBG

Die Herausgabe des Werkes wurde durch die Vereinsmitglieder der WBG ermöglicht.
Gestaltung und Produktion: Verlagsbüro Wais & Partner, Stuttgart
Gedruckt auf säurefreiem und alterungsbeständigem Papier
Printed in Germany

Besuchen Sie uns im Internet: www.wbg-wissenverbindet.de

ISBN 978-3-8062- 3464-0
ISSN 0176-8522

Inhalt

Vorwort

Bis zu 5800 Jahre alte Monumente prägen noch heute die Landschaften Norddeutschlands: Großsteingräber sind als Landmarken über Jahrtausende hinweg den Bewohnern gegenwärtig und erzählen aus einer Zeit, als der Mensch erstmals großräumig Kulturlandschaften in Nordmitteleuropa und Südskandinavien geschaffen hat. So sichtbar und nah Großsteingräber uns heute erscheinen, so schwierig und langwierig ist ihre Erforschung: Wer hat sie errichtet und warum? Wie waren die damaligen Lebensbedingungen? Was bedeuteten megalithische, aber auch nichtmegalithische Monumente für die Gesellschaften? Um dies zu verstehen, müssen wir die ökologischen, ökonomischen, sozialen und kulturellen Aspekte der damaligen Zeit rekonstruieren.

Dieser Aufgabe hat sich in den letzten Jahren eine Gruppe von Wissenschaftlerinnen und Wissenschaftlern verschiedener universitärer und außeruniversitärer Forschungseinrichtungen gestellt, die im Rahmen des Schwerpunktprogramms 1400 der Deutschen Forschungsgemeinschaft »Frühe Monumentalität und soziale Differenzierung« Großsteingräber, Grabenwerke, Siedlungen und Umweltbedingungen insbesondere der Trichterbechergesellschaften (4100–2800 v. Chr.) untersucht haben (www.schwerpunkt-monumente.de). Mithilfe kultur-, natur- und lebenswissenschaftlicher Methoden ließ sich der Kenntnisstand um das Geschehen insbesondere im norddeutschen Raum erheblich erweitern. Dieses Sonderheft der »Archäologie in Deutschland« fasst einige der Forschungsergebnisse zusammen und bietet einen Einstieg in die Thematik. Detailliertere Informationen können in der Buchreihe des Schwerpunktprogramms »Frühe Monumentalität und soziale Differenzierung« nachgelesen werden, in der gerade Band 12 erscheint.

Erstmals wissen wir, wie die Erbauer der nichtmegalithischen Langhügel, der Megalithgräber und Grabenwerke gesiedelt haben, welche Häuser sie errichtet, in welcher Umwelt sie gelebt und mit welchen nahen und fernen Nachbarn sie in enger Beziehung gestanden haben. Mosaikartig gab es von Region zu

Noch ca. 5000 Großsteingräber prägen als Landmarken viele Regionen in Südskandinavien und Norddeutschland. Dazu zählt auch das »Königsgrab« bei Lüdelsen in der Altmark.

Region Unterschiede etwa in Wirtschaftsweisen, Umweltbezügen oder Bestattungssitten, auch wenn die materielle Kultur und Architektur gemeinsame Grundmuster erkennen lassen, die sich ganz erheblich von vorangehenden und nachfolgenden, aber auch von benachbarten Gruppen abgrenzen.

Möglichst problemlos und friedlich mit anderen Personen zusammenzuleben ist eines unserer menschlichen Grundbedürfnisse. Um dies zu erreichen und um friedliche Beziehungen herzustellen, werden Institutionen gebildet, Feste gefeiert, Monumente errichtet oder auch andere Wege eingeschlagen. In manchen Gesellschaften »gelingt« es dann eine friedliche Welt zu schaffen, in anderen nicht. Nach allem, was uns die neuen Forschungsergebnisse nahelegen, herrschten in den Trichterbechergesellschaften verglichen mit anderen prähistorischen und historischen Zeiten relativ friedliche Zustände. Das »Investment« in »schöne Keramik« (als welche Trichterbecherkeramik Ende des 19. Jh. vom dänischen Archäologen Sophus Müller beschrieben wurde) und Großsteingräber hat offensichtlich abgelenkt von dem, was beispielsweise aus nachfolgenden Zeiten bekannt ist, und kriegerische Auseinandersetzungen hielten sich in Grenzen. Insofern können wir durchaus über die Beschäftigung mit den Trichterbechergesellschaften auch Möglichkeiten und Grenzen unserer eigenen Zeit reflektieren.

Ohne Mithilfe und Unterstützung wäre das vorliegende Buch nicht möglich gewesen. Mein spezieller Dank gilt Kolleginnen und Kollegen vom Schwerpunktprogramm genauso wie den Grafikerinnen und Fotografinnen des Instituts für Ur- und Frühgeschichte der Universität Kiel: Susanne Beier, Jan Piet Brozio, Janine Cordts, Hauke Dibbern, Walter Dörfler, Stefan Dreibrodt, Ingo Feeser, Barbara Fritsch, Martin Furholt, Franziska Hage, Agnes Heitmann, Sönke Hartz, Martin Hinz, Sara Jagiolla, Wiebke Kirleis, Stephanie Klooß, Moritz Mennenga, Ralf Opitz, Ines Reese, Christoph Rinne, Kay Schmütz und Karin Winter. Gedankt sei auch dem Verlagsbüro Wais und Partner, allen voran Tina Steinhilber.

Johannes Müller

Findlinge, kalte Winter und lehmige Böden

Die ersten Bodenbauern

Große Steine und Eichenmischwälder

Warum wurden so viele Großsteingräber in Norddeutschland errichtet? Ausschlaggebend für die Vielzahl von Megalithgräbern in den nordmitteleuropäischen und südskandinavischen Gebieten ist sicherlich *auch* das Vorkommen eines geeigneten Baumaterials für die Architektur. Heute erscheint die Landschaft relativ »aufgeräumt«, doch müssen zu Beginn des Neolithikums zahlreiche Findlinge an der Oberfläche gelegen haben, die im Laufe der Weichsel-Eiszeit (70 000–12 000 v. Chr.) in mehreren Gletschervorstößen aus Skandinavien nach Norddeutschland transportiert worden waren.

Während so mit den freiliegenden Findlingen die Bedingungen für den Bau von Großsteingräbern wesentlich günstiger waren als in den Gebieten weiter südlich, verhält es sich mit der Landwirtschaft umgekehrt: Zwischen Oberrhein und Hildesheimer Becken gab es weite, fruchtbare Lössbörden, die sowohl für einfachen Bodenbau als auch intensive Landwirtschaft erhebliche Vorteile boten. Von diesen »Altsiedellandschaften«, die zumeist schon ab ca. 5500 v. Chr. von ersten ackerbaulichen Gemeinschaften über Jahrhunderte bestellt worden waren, unterschieden sich die Moränen- und Sanderflächen des Nordens deutlich mit ihren schweren Lehmen, Podsolen und Sandgebieten sowie den in der Regel höheren Niederschlägen. Hier waren Bodenbau und Landwirtschaft nur unter bestimmten Klimabedingungen oder mit besonderer Agrartechnik profitabel. Dies war einer der Gründe, warum erst mehr als 1400 Jahre nach Einführung der Landwirtschaft im südlichen Mitteleuropa auch in Norddeutschland ein schrittweiser Übergang zum einfachen und schließlich komplexen Bodenbau stattfand. Der Wandel vom

Norddeutsche Landschaften boten mit eiszeitlich transportierten Geröllen und Findlingen das Baumaterial für die Großsteingräber der Jungsteinzeit. Entsprechende Ablagerungen werden etwa an mächtigen Steilküsten freigelegt.

Vor der produzierenden Wirtschaftsweise und ersten Monumenten lebten die Menschen in Norddeutschland und Südskandinavien an offenen Küsten oder im dichten Urwald. Im späten Ertebølle (um 4300 v. Chr.) gab es küstennahe Dauersiedlungen und – wie hier – saisonale Stationen zum Jagen und Sammeln.

reinen Wildbeutertum zu frühem Ackerbau und Viehhaltung war folglich im Norden ein sich länger hinziehender Prozess.

In der norddeutschen Landschaft mit teilweise freien Küstenstreifen und parkähnlichen Eichenmischwäldern aus Ulme, Buche und Esche finden sich ab etwa 4100 v. Chr. erstmals Hinweise auf eine neue »neolithische« Lebensweise. Es ist eine Zeit, in der die großen Küstenveränderungen mit umfangreichen Landverlusten z. B. in der Nordsee längst abgeschlossen sind und die Küstenlinien ungefähr den Geestgrenzen im Westen oder den heutigen Ufern im baltischen Raum entsprechen. Hier leben teilweise sesshafte Wildbeutergruppen, die nach einem dänischen Fundplatz als »Ertebølle« bezeichnet werden. Sie leben von aquatischen Ressourcen an ganzjährig genutzten Plätzen, doch zusätzlich nutzen sie in saisonalen Camps auch andere ökologische Ressourcen. Die sukzessive Integration von Bodenbau und Viehhaltung in die Ernährungswirtschaft der Ertebølle-Ökonomien bildet eine Grundbedingung für das spätere Potenzial, über genügend Zeit und Energie für die Errichtung von Monumenten zu verfügen.

Ab ca. 4100 v. Chr. stellen wir in Norddeutschland und Südskandinavien, aber auch anderen europäischen Regionen mit entsprechenden Sander- und Moränenflächen (z. B. den Britischen Inseln) einen Übergang zu einfachem Bodenbau und Viehhaltung fest. Dieser Wandel wird oft in Verbindung mit Klimaveränderungen oder aber mit der Einführung neuer Agrartechnologien diskutiert, wobei die Erträge gesteigert und damit die Flächen für Anbau oder Tierhaltung attraktiver werden.

Ungefähr zwischen 4100 und 2800 v. Chr. leben in Norddeutschland die von Gustaf Kossinna 1922 aufgrund ihrer charakteristischen Gefäßform erstmals definierten Trichterbechergesellschaften. Traditionell werden sie mit Landwirtschaft, ersten Monumenten, Megalithgräbern sowie zahlreichen Deponierungen assoziiert. Auch wenn in den letzten fast 100 Jahren zahlreiche Untersuchungen dieser nordmitteleuropäisch-südskandinavischen Trichterbecherkultur stattgefunden haben, hat sich an der grundsätzlichen Relevanz des Sammelbegriffs nichts geändert. Allerdings ist inzwischen klar, dass er ökologisch, ökonomisch, aber auch rituell durchaus sehr unterschiedlich agierende Gruppen, etwa mit eigenen Grabformen oder Deponierungspraktiken, unter einem Gesamtphänomen zusammenfasst.

Trichterbecher und Monumente

Auf Grundlage von Studien aus den 1970er Jahren können Regionalgruppen definiert werden, die sich teils im Bereich ihrer materiellen Kultur, teils durch Siedlungsweisen und Bestattungssitten unterscheiden. Zum Kerngebiet der Trichterbecherentwicklung gehören in Südskandinavien und Norddeutschland die Nord-, West- und Altmärkische Gruppe, d. h. Gebiete zwischen der holländischen Provinz Drenthe und dem polnischen Pommern bzw. zwischen dem Hannoveraner Tiefland und dem schwedischen Falbygden. Diese Kernregion der Trichterbecherkultur ist identisch mit dem Hauptverbreitungsgebiet der Megalithgräber, von denen heute noch rund 5000 existieren; ursprünglich gab es davon wohl annähernd 500 000.

In dieser nordmitteleuropäisch-südskandinavischen Ökumene lässt sich eine über 13 Jahrhunderte,

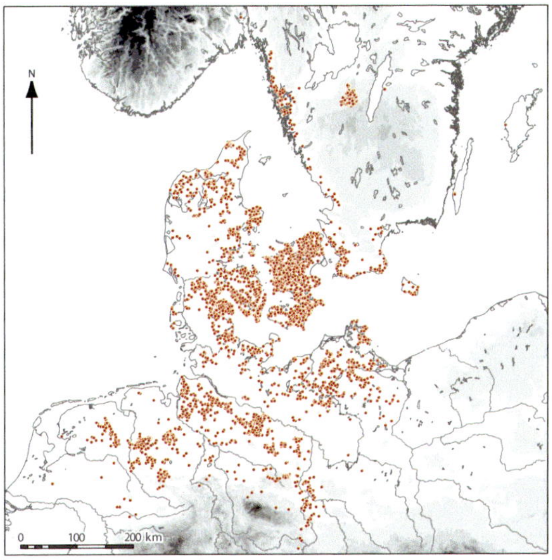

Die Megalithgräber in Nordmitteleuropa und Südskandinavien lassen Verbreitungsschwerpunkte erkennen, die auf Umweltbedingungen, Unterschiede in den jungsteinzeitlichen Gesellschaften und Überlieferungsbedingungen zurückzuführen sind.

also mehr als 50 Generationen währende Entwicklung fassen. Die Errichtungszeit megalithischer Monumente beschränkt sich dabei hauptsächlich auf einen Zeitraum von höchstens 400 Jahren, also etwa 15 Generationen: In dieser Phase werden neue Technologien eingeführt, die Landschaft urbar gemacht und auch der Großteil ritueller Deponierungen vorgenommen. Um die Frage zu klären, wann, warum, wie und mit welchen Konsequenzen nichtmegalithische und megalithische Monumente in Norddeutschland errichtet wurden, muss zunächst die zeitliche Entwicklung der Trichterbechergesellschaften näher betrachtet werden (s. S. 12).

Europäische Netzwerke

Unabhängig davon belegt die Karte der Megalithgräber in Europa, dass Großsteinanlagen ein europäisches Phänomen sind. Von Südportugal bis Mittelschweden, von Südfrankreich bis Schottland lässt sich eine Verbreitung mit Schwerpunkten in Süd- und Westeuropa erkennen. Doch vieles verweist auf eigenständige Entwicklungsprozesse, die z. B. im nordmitteleuropäisch-südskandinavischen Raum, aber auch in anderen europäischen Regionen stattfanden. In der Bretagne beispielsweise lassen sich die ersten megalithischen Phänomene mehrere Jahrhunderte früher fassen als in Norddeutschland. Auch die Galeriegräber in der Mittelgebirgszone sind ein Phänomen, das sich gewiss kulturell getrennt von den in diesem Band beschriebenen Tendenzen entwickelte. Trotzdem müssen und werden wir im Rahmen europäischer Wechselbeziehungen auch die Gesamtentwicklung betrachten.

Weitere materielle Hinterlassenschaften wie Keramik lassen ebenfalls überregionale Strukturen und Wechselbeziehungen erkennen. Der flachbodige Trichterbecher ist grundsätzlich zu unterscheiden von Michelsberger Tulpenbechern im Südwesten oder auch von bikonischen Formen der Spätlengyel-

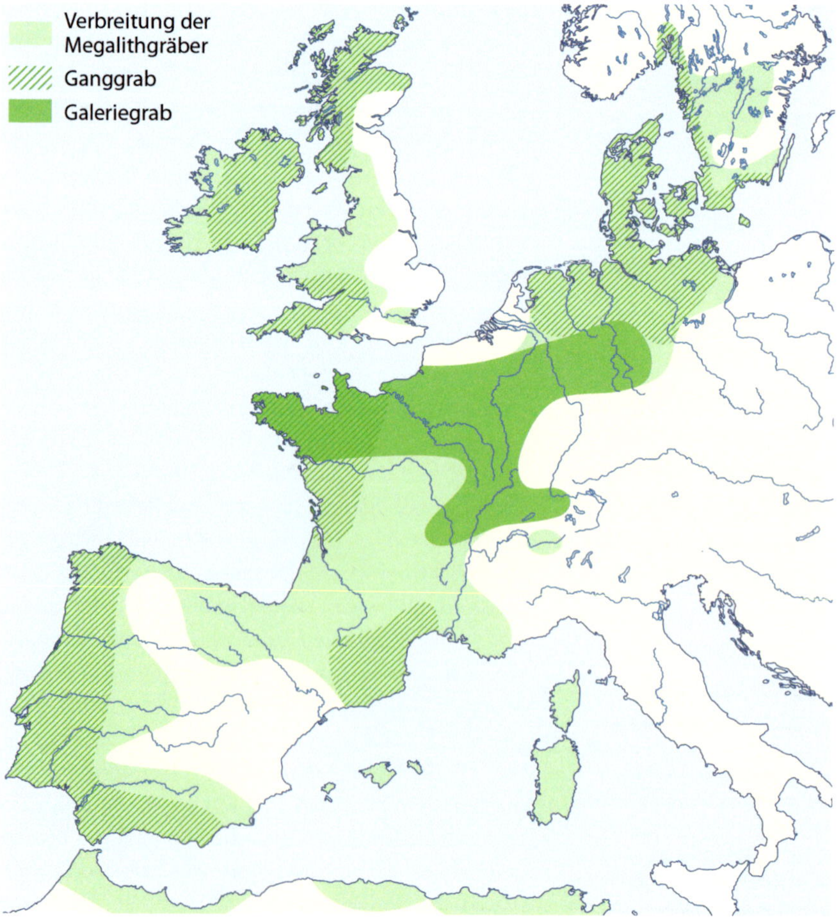

Der Grand Menhir Brisé von Locmariaquer (Bretagne) war ursprünglich Teil einer bereits im Neolithikum zerstörten Steinreihe. Solche Steinreihen bilden ab spätestens 4800 v. Chr. den ältesten Nachweis für Megalithanlagen in Europa.

Gruppen im Südosten der Kernverbreitung. Offensichtlich entwickelte sich die Trichterbecherkeramik aus einheimischen Ertebølle-Traditionen in Verbindung mit westmittel- und ostmitteleuropäischen Einflüssen. Daran werden vielfältige Austauschsysteme der damaligen Menschen deutlich. »Act local, think global« kommt ebenso bei den Verbreitungsmustern von Beil-, Hammeraxt- oder Schmucktypen zum Ausdruck, die umfangreiche neolithische Kommunikationsnetzwerke beispielsweise zwischen Alpen und Ostsee erkennen lassen. Tatsächlich belegen diese überregionalen Verbreitungsmuster das, was auch neue genetische Untersuchungen bzw. Isotopenanalysen an menschlichen Knochen beweisen: Prähistorische, insbesondere neolithische Gemeinschaften waren wesentlich mobiler als ursprünglich angenommen. Raten von mehr als 20 % nicht am Ort Geborener verdeutlichen, dass neben dem Güteraustausch auch die Pflege multikultureller Kontakte etwa über Heiratspraktiken typisch für diese Gesellschaften war.

Langhügel mit megalithischer Fassade aus Karlsminde (Schleswig-Holstein). Die Anlage datiert in das 35. bis 34. Jh. v. Chr.

Verbreitung von europäischen Megalithgräbern des 5. und 4. Jt. v. Chr. Mindestens sechs Kerngebiete mit Ganggräbern durchleben eine eigenständige architektonische Entwicklung, so auch in Norddeutschland und Südskandinavien.

Methoden, Ereignisse und Perioden

Zur Chronologie der Trichterbecherzeit

Alte und neue Methoden

Zu den Grundlagen archäologischer Forschung gehört die Rekonstruktion chronologischer (zeitlicher) und chorologischer (räumlicher) Dimensionen der Funde und Befunde. Um Aussagen zur ökologischen, ökonomischen, sozialen und kulturellen Entwicklung der Trichterbechergesellschaften treffen zu können, bedarf es einer exakten und eindeutigen Darstellung der zeitlichen und räumlichen Verhältnisse.

Entsprechend hat sich das Schwerpunktprogramm »Frühe Monumentalität und soziale Differenzierung« intensiv um eine naturwissenschaftlich basierte Chronologie der Trichterbecherzeit bemüht. Prinzipiell gibt es seit Beginn des 20. Jh. Versuche, ihre materielle Kultur inklusive Monumente in zeitliche Abfolge zu bringen. Zunächst spielten eher typologische Überlegungen eine Rolle, indem bei der Keramik eine zeitliche Entwicklung von einfachen zu komplexen Gefäßformen und -verzierungen sowie dann wieder von komplexen zu einfachen Formen ganz im Sinne stilistischer Grundparadigmen postuliert wurde. Auch in Bezug auf die Monumente glaubte man, eine Entwicklung von einfachen, kleinen Urdolmen über Dolmen hin zu komplexeren Ganggräbern beobachten zu können. Da bis etwa 1970 naturwissenschaftliche Datierungen und damit eine unabhängige Absolutchronologie für Mitteleuropa nicht möglich waren, versuchte man mit der so genannten archäologisch-historischen Methodik, Objekte Mitteleuropas mit solchen im ostmediterranen Raum zu korrelieren, wo es aufgrund schriftlicher Überlieferungen eine absolutchronologische Einordnung gab. Hier verfolgen

Keramik aus dem emsländischen Großsteingrab Emmeln 2. Die Massendeponierungen von vielfältig verzierten Gefäßen erlauben in Verbindung mit naturwissenschaftlichen Datierungen, Form- und Verzierungsstile als zeitliche Marker zu benutzen.

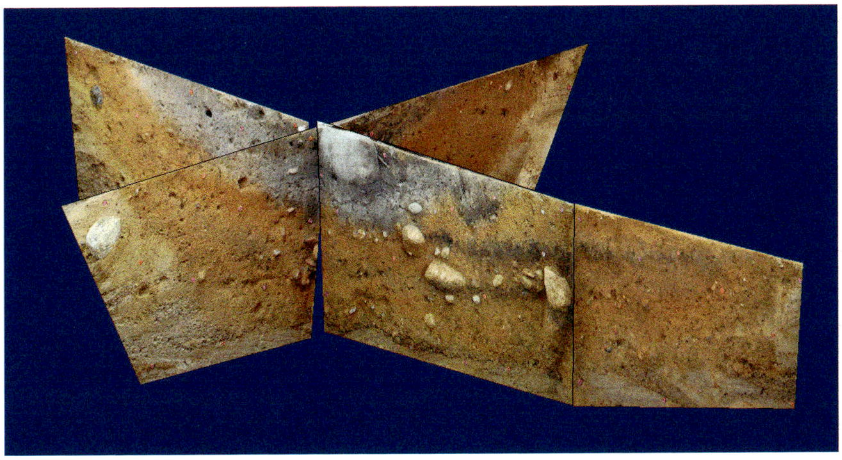

Neue Leitfundstellen mit zahlreichen, naturwissenschaftlich datierten Schichten ermöglichen die Rekonstruktion von Zeitabfolgen, die teilweise bis auf zwei oder drei Generationen genau sind. Dies ist der Fall beim Grabenwerk von Albersdorf-Dieksknöll in Dithmarschen.

wir eine frühe »Lange Chronologie«, bei der z. B. Oscar Montelius anhand der Übereinstimmung von Omphalosschalen aus dem Grab von Oldendorf mit Metallgefäßen aus Alaca Hüyük Megalithgräber vor 2500 v. Chr. verortete, während später etwa Georg Kossack als ein Vertreter der »kurzen Chronologie« entsprechende Bauten erst nach 1800 v. Chr. vermutete. Tatsächlich wissen wir heute dank naturwissenschaftlicher Datierungen, dass die frühesten Megalithgräber in Norddeutschland wohl im 37. Jh. v. Chr. errichtet wurden.

Moderne Möglichkeiten erlauben grundsätzlich folgenden Standard für die Datierung von Funden und Befunden:

- Auf einer Grabung ergibt sich ein eindeutiger Zusammenhang zwischen Befunden (z. B. einer Grube oder einem Grab) und zugehörigen Funden (z. B. Keramikgefäße oder Silexartefakte). Entsprechend können wir diese als »geschlossene Funde« bewerten.
- Eine statistische Analyse von Ähnlichkeiten oder Unähnlichkeiten der Gesamtmenge eines »geschlossenen Fundes« ermöglicht es, unterschiedliche typologische Inventargruppen zu bestimmen.
- Mithilfe von naturwissenschaftlichen Datierungen (meist ^{14}C- oder Dendrodaten) und seltenen Stratigrafien (z. B. Grubenüberschneidungen) können diese Inventargruppen als chronologisch relevant identifiziert werden. Dies muss nicht immer der Fall sein, da beispielsweise Verzierungsmotive nicht nur einem »modischen« Wechsel unterliegen, sondern auch zur Abgrenzung gleichzeitig lebender Haushalte dienen können.
- Sind jedoch an mehreren Fundplätzen einer Region entsprechende Abfolgen erarbeitet worden, lassen sich mit solchen genau datierten Leitfundplätzen zeitliche Modelle ableiten.

Leitfundstellen, Ereignisse und Strukturen

Im von uns betrachteten Raum gibt es verschiedene Leitfundstellen, wo moderne Grabungen und naturwissenschaftliche Datierungen eine recht genaue Chronologie möglich machten. An diesen Plätzen wurden also Ereignisse direkt aufgrund lokaler Daten rekonstruiert und nicht auf stilistische oder andere Aspekte der materiellen Kultur zurückgegriffen, wie etwa – von West nach Ost – das Grabenwerk Albersdorf-Dieksknöll, die Siedlung Oldenburg-Dannau, das Ganggrab Wangels-Meischensdorf und der Fundplatz Triwalk. Hinzu kommen Neustadt, Wangels und Flintbek oder auch die Siedlung Lavenstedt, die in Verbindung mit anderen ^{14}C-Daten einen guten Überblick über die Entwicklung im Westen bietet.

Die Ergebnisse im Westen Schleswig-Holsteins können beispielsweise die zeitliche Entwicklung eines Grabenwerks erhellen, wie in Albersdorf-Dieksknöll, wo sich zahlreiche Phasen identifizieren lassen: Auf das Anlegen des Grabens folgen rituelle Verfüllprozesse (»infillings«) und ein erneutes Aufgraben an gleicher Stelle (»recutting«). Radiometrische Datierungen aus den Schichten des Grabens konnten zusammen mit ihrer stratigrafischen Position im Rahmen einer Bayesschen Kalibration bewertet werden. Dies ist ein neuer Entwicklungsschritt bei der Auswertung von Radiokarbondaten, bei der die gemessene Datierungsspanne der Proben noch einmal durch archäologische Zusatzinformationen (z. B. deren Position in Schichtabfolgen) modellhaft reduziert werden kann.

Über einen Zeitraum von ca. 3800 bis 2500 v. Chr. war der Graben episodisch diesen Prozessen unterworfen. Die vertikalstratigrafisch fixierten und absolutchronologisch datierten Schichten sowie die dazugehörigen wenigen Keramiken wurden mit Daten von anderen Fundplätzen der direkten Umgebung zu einer Chronologie verbunden, die zumindest für die Zeit zwischen 3750 und 3100 v. Chr. einen Überblick über die Entwicklung der Keramikdekorationen und -formen in Westholstein vermittelt.

Ausgehend von lokal rekonstruierten Ereignissen konnten die Chronologien der einzelnen Fundplätze zu einer Gesamtstruktur verbunden werden, die ein klares Bild der zeitlichen Entwicklung z. B. der Trichterbechernordgruppe ergibt. Qualitativ wurde hier also ein neuer Weg beschritten: Anstatt wie bisher über typologische Gemeinsamkeiten unterschiedlicher Fundinventare einzelne Plätze zeitlich einzuordnen, wurden gerade die unabhängigen lokalen Datierungen für ein regionales und überregionales Chronologiemuster herangezogen. Nur so lassen sich neben

cal B.C.	Periode	Nördliches Jütland	Seeland / Schonen	Südliches Jütland / Mecklenburg	Niederlande / NW Deutschland
−2100	SN 1	Frühe Dolchgruppen			
−2200 / −2300	JN 3	Späte Einzelgrabgruppen			
−2400 / −2500	JN 2	Mittlere Einzelgrabgruppen			
−2600 / −2700	JN 1	Frühe Einzelgrabgruppen			
−2800	MN V	Store Valby		KA	Brindley 7
−2900	MN III–IV	Bundsø / Lindø		Bostholm	Brindley 6
−3000	MN II	Blandebjerg		Oldenburg	Brindley 5
−3100	MN Ib	Klintebakke		Wolkenwehe 2	Brindley 4
−3200	MN Ia	Troldebjerg			Brindley 3
−3300 / −3400	FN II	Fuchsberg	Fuchsberg / Virum	Wolkenwehe 1	Brindley 1/2
−3500 / −3600 / −3700	FN Ib	Oxie / Volling	Oxie / Svenstorp	Satrup / Siggeneben-Süd	Spätes Swifterbant / Hazendonk 3
−3800 / −3900	FN Ia	Volling	Svaleklint	Wangels / Flintbek	Mittleres Swifterbant
−4000 / −4100 / −4200	End-Mesolithikum	Spätes Ertebølle			

Zeitliche Entwicklung des norddeutschen Neolithikums. Abkürzungen: SN Spätneolithikum; JN Jungneolithikum; MN Mittelneolithikum; FN Frühneolithikum; SG Einzelgrabgruppen; KA Kugelamphoren. Dunkles Ocker: Trichterbecher-Hauptgruppen. Dazu typische Becher der jeweiligen Periode: 1 Spitznackiger Ertebølle-Becher aus Wangels; 2 FN-I-Trichterbecher aus Flintbek; 3 FN-II-Trichterbecher aus Bad Oldesloe-Wolkenwehe; 4 MN-II-Trichterbecher aus dem Denghoog auf Sylt; 5 Einzelgrabbecher aus Flintbek.

den Gemeinsamkeiten auch die Unterschiede zwischen den Regionen und Fundplätzen wertneutral abbilden.

Perioden, Phasen, Gruppen

So ergibt sich für den nordmitteleuropäischen und südskandinavischen Raum eine klare Einteilung in Perioden, Phasen und Gruppen, genau wie z. B. auch für die Trichterbechernordgruppe. Die Perioden werden traditionell in Früh-, Mittel-, Jung- und Spätneolithikum eingeteilt, um einer begrifflichen Verwirrung vorzubeugen. Aufgrund einer recht ähnlichen Entwicklung beispielsweise im keramischen Bestand, der als Leitlinie der Chronologie dient, können Subperioden festgelegt werden. So sprechen wir etwa vom Frühneolithikum Ia (ca. 4100–3800 v. Chr.), das eine andere Keramik aufweist als das Frühneolithikum Ib (ca. 3800–3500 v. Chr.). In den kulturgeo-

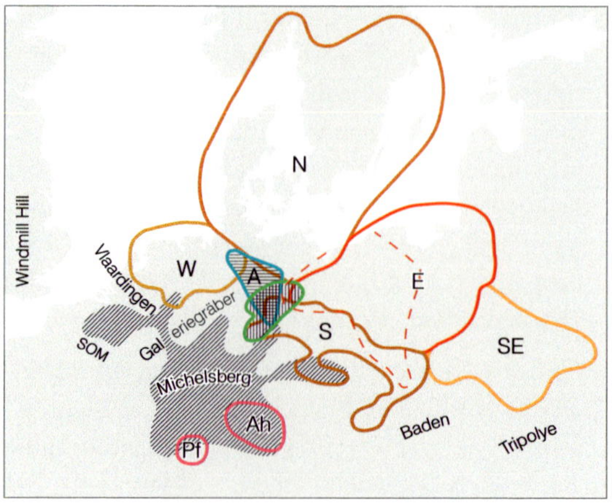

Anhand regional und überregional charakteristischer Gemeinsamkeiten bzw. Unterschiede der archäologischen Hinterlassenschaften 4100 bis 2800 v. Chr. werden die jungsteinzeitlichen Gesellschaften in mehrere Gruppen unterteilt. In diesem Buch werden Ergebnisse zur Trichterbecher-Nord-, -West- und Altmärkischen Tiefstichgruppe vorgelegt. W Westgruppe; N Nordgruppe; E Ostgruppe; SE Südostgruppe; S Südgruppe; A Altmark. Außerhalb des Trichterbecher-Gebiets: Pf Pfyn; Ah Altheim; SOM Seine-Oise-Marne.

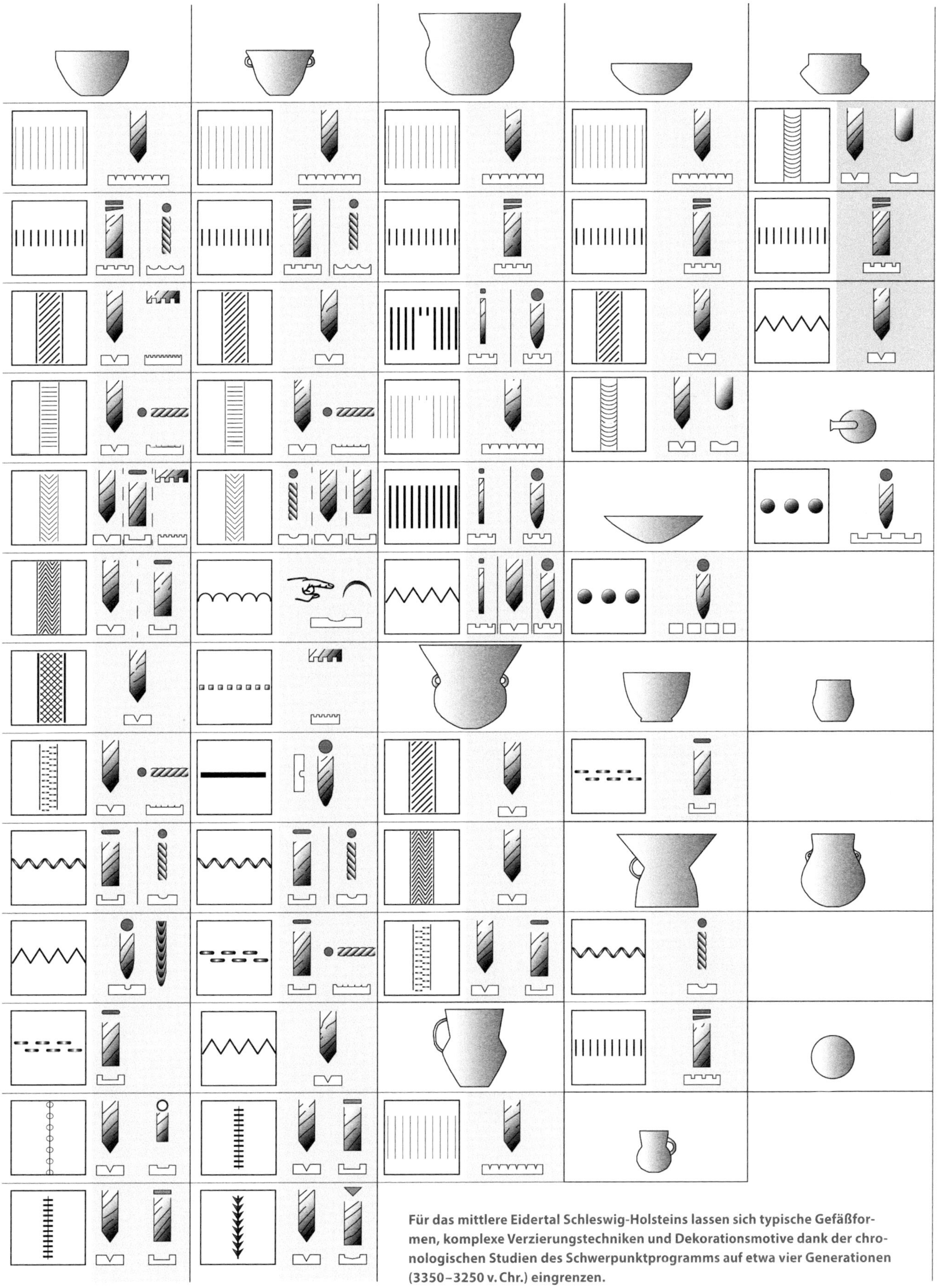

Für das mittlere Eidertal Schleswig-Holsteins lassen sich typische Gefäßformen, komplexe Verzierungstechniken und Dekorationsmotive dank der chronologischen Studien des Schwerpunktprogramms auf etwa vier Generationen (3350–3250 v. Chr.) eingrenzen.

Anhand zeitnaher Deponierungen von Artefakten, z. B. in einem geschlossenen Quartier der Grabkammer Wangels LA 69 (Ostholstein), können Rituale rekonstruiert werden.

grafisch definierten Regionen finden sich nun »Gruppen«, die während der jeweiligen Perioden oder Subperioden existierten und die regionalen und lokalen Besonderheiten beschreiben. Diese sind zumeist nach Leitfundplätzen benannt, z. B. »Volling« oder »Oldenburg«, können aber auch die Namen von Archäologen oder Archäologinnen tragen wie »Brindley 3«.

Auch wenn diese Einteilung der Trichterbecherentwicklung zunächst relativ kompliziert erscheint, bietet sie doch einen ganz erheblichen Vorteil: Sie ist auf jeder Ebene absolutchronologisch fixiert, auch die Zuordnung der materiellen Kultur erfolgt ausschließlich nach Aspekten absolutchronologischer Datierungsansätze.Das Gerüst basiert also nicht auf Interpretationen einer gesellschaftlichen oder kulturellen Entwicklung, sondern ist Ergebnis gezielter Analysen und Synthesen der »reinen« Fakten primär aus den chronologischen Leitfundplätzen. Entsprechend können die zeitlichen Einordnungen der gesellschaftlichen und kulturellen Entwicklung direkt über die Kalenderdaten mit Ergebnissen bodenkundlicher, klimatischer oder anderer Untersuchungen in Bezug gesetzt werden.

Neben dieser rein chronologischen Einordnung liegt zusätzlich ein Schema mit sozio-kulturellen Phasen vor. Hier unterscheiden wir für die Trichterbechernordgruppe eine ältere (FN I), eine mittlere (FN II–MN I) und eine jüngere Phase (MN II–V). Entscheidend für diese Gliederung, die erstmals David Liversage 1992 entworfen hat, sind keineswegs chronologische, sondern gesellschaftliche Entwicklungstendenzen. Entsprechend variabel kann die Einteilung bei einer Neuinterpretation auch sein. So ist die ältere Trichterbecherphase gekennzeichnet durch eine zunächst unverzierte Keramik, die Weiternutzung von Muschelhaufen, zahlreiche Gemeinsamkeiten mit dem vorangehenden Mesolithikum und erst im Laufe der Zeit durch das Auftreten erster Monumente. In der mittleren Trichterbecherphase lassen sich eine überregional recht einheitliche und später aufwendig dekorierte Keramik feststellen, die Blütezeit der Großsteingräber, die Nutzung von Grabenwerken und extreme Landschaftsöffnungen im Rahmen der einsetzenden intensiven Landwirtschaft. In der jüngeren Phase finden sich statt Einzelhöfen auch Dörfer, eine erneut regionalisierte Keramik wird mehr und mehr unverziert, und der Bau von Megalithgräbern ist endgültig eingestellt.

Mit diesem chronologischen Leitfaden, der einerseits die zeitliche Fixierung in Kalenderjahren bei Perioden und Gruppen, andererseits die soziokulturelle Bestimmung über Phasen kultureller Entwicklung liefert, können wir uns nun den Einzelaspekten von früher Monumentalität und sozialer Differenzierung zuwenden. Da der tägliche Aufenthaltsort als Basis jeglichen sozialen Handelns dient, beginnen wir mit den Siedlungen.

Von Häusern und Brunnen

Profanes und rituelles Leben zu Hause

Bis vor etwa zehn Jahren waren im norddeutschen Raum fast keine neolithischen Häuser entdeckt worden, was in extremem Gegensatz zur Vielzahl an bekannten und auch oberirdisch sichtbaren Grabmonumenten stand. Zunächst wurden spezifische Überlieferungsbedingungen in der (wie beschrieben) eiszeitlich überprägten Sander- und Moränenlandschaft oder eine vermeintlich archäologiefeindliche Bauweise (z. B. Schwellbalkenhäuser ohne Pfostengruben) dafür verantwortlich gemacht. Doch dokumentierten zahlreiche Neufunde jungsteinzeitlicher Häuser in den skandinavischen Nachbarländern, dass es sich offensichtlich um ein anders Defizit handelte: Entweder fehlten großflächige Rettungsgrabungen im deutschen Denkmalpflegesystem oder aber die Befunde waren nur schwer von Nichtspezialisten zu erkennen. Tatsächlich haben in den letzten Jahren einerseits die inzwischen gesetzlich festgeschriebenen großflächigen Rettungsgrabungen und andererseits die gezielten Arbeiten des Schwerpunktprogramms »Frühe Monumentalität und Soziale Differenzierung« zum Auffinden zahlreicher trichterbecherzeitlicher Hütten, Häuser und Siedlungen auch im norddeutschen Raum beigetragen.

Aufgrund der nun vorliegenden 64 Hausbefunde, an denen sich auch Bauweise und Innenraumgestaltung erschließen lassen, können wir die norddeutschen Beispiele sehr gut zur Rekonstruktion einer nordmitteleuropäisch-skandinavischen Entwicklung von Haustypen und Siedlungsformen nutzen. Die neuen Daten ergänzen das aus der skandinavischen Forschung bereits Bekannte, stellen darüber hinaus aber auch den Bezug zu südlicheren mitteleuropäischen oder nordwesteuropäischen Hausentwicklungen dar.

Was sind die ältesten bekannten Häuser oder Hütten Norddeutschlands? Welche Haustypen gibt es? Wann entstehen die ersten Weiler und Dörfer? Welche Kontinuität existiert zum Spätmesolithikum? Woher kamen die Impulse zum Hausbau, und wie trägt Norddeutschland zur Gesamtentwicklung der nordmitteleuropäisch-südskandinavischen Hausformen bei? Dies sind entscheidende Fragen, die viel dazu beitragen, auch die Lebensweise der Erbauer frühester Monumente zu klären.

Im Archäologisch-Ökologischen Zentrum Albersdorf (AÖZA) sind alle jungsteinzeitlichen Haustypen Norddeutschlands zu besichtigen. Der befundgetreue Aufbau etwa des Hauses von Rastorf belegt die Imposanz jungsteinzeitlicher Anwesen.

Alltag im neolithischen Haus

Mit einem »Haus« oder »Haushalt« sind zahlreiche Aktivitäten verbunden. Die Archäologie ist in der Lage, über räumliche Verteilungsmuster von Artefakten (und den damit in Verbindung gebrachten Tätigkeiten) Aktivitätszonen in den Gebäuden und deren direkter Umgebung zu rekonstruieren. Zu beachten sind dabei insbesondere Abfallplätze, die ursprüngliche Aktivitätsareale »maskieren« können. Auch ist es durchaus möglich, dass Tätigkeiten mit der Zeit den Standort wechseln, dass also z. B. Getreide in einem anderen Bereich des Hauses gemahlen wird als noch 20 Jahre zuvor. Doch trotz solcher Sonderfälle erkennen wir räumliche Muster von Hausbefunden, »Kulturschichten« und Artefaktverteilungen und somit das, was das alltägliche Leben prägte: die Aktivitäten innerhalb des Haushalts. Doch neben diesen eher profanen Aspekten des »Hauses« gab es auch Plätze für Geschichten, Mythen und Rituale.

Leben, Tod und Kult

In unserer industrialisierten Welt dienen Häuser primär zum Wohnen, teilweise zum Wirtschaften. Auch im Neolithikum war das Haus eine Wohn- und Wirt-

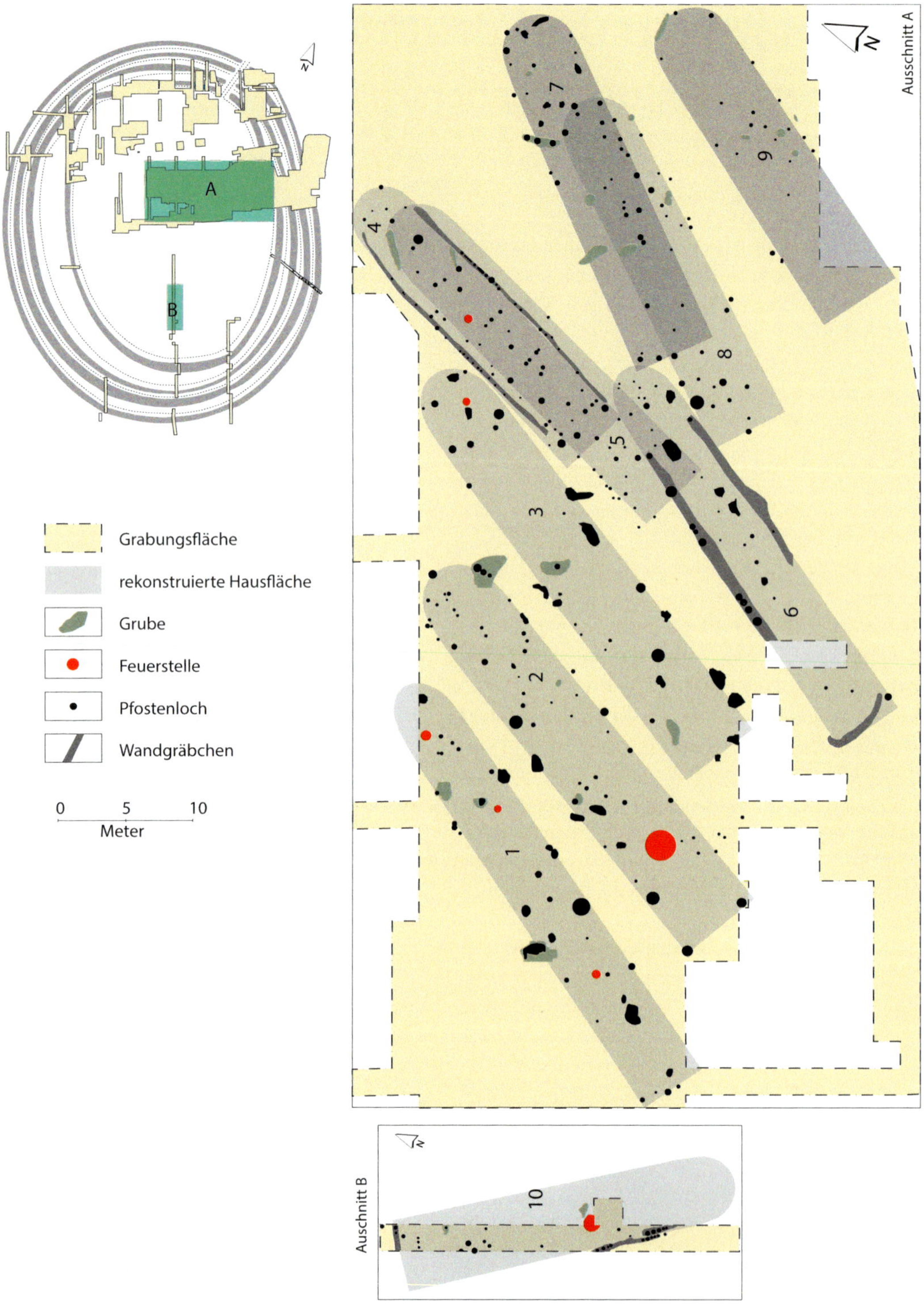

Langhäuser vom Typ Büdelsdorf, die ca. 3450 bis 3350 v. Chr. auf einem Sporn am Lauf der mittleren Eider errichtet wurden. Während wir aus Norddeutschland inzwischen 64 Hausgrundrisse des 4. Jt. v. Chr. kennen, sind es von den Mineralbodenfundplätzen im übrigen Deutschland nur 14.

schaftseinheit, in der Familien oder Wohngemeinschaften zusammenlebten und mit ihren Nachbarn das tägliche Leben und Arbeiten gestalteten. Doch im Gegensatz zu unserer modernen oder postmodernen Gesellschaft waren die Räume für Leben und Tod, Überlieferungen und Mythen, rituelle oder religiöse Handlungen sowie wirtschaftliche oder politische Tätigkeiten nicht in der Weise getrennt, wie wir es heute wahrnehmen. Profanes und Sakrales gehörte oft zusammen, profane Handlungen waren zugleich auch rituell, die Bedeutung der Landschaft war ökonomisch, sozial, aber auch mit Geschichten »beseelt«. Entsprechend können und müssen die Wohnstätten, die Häuser, ebenfalls als »beseelte« Gebäude verstanden und gerade auch die Befunde und Funde nach dem Miteinander von wirtschaftlichen und sozialen

Handlungen sowie rituellen und religiösen Bedeutungsinhalten befragt werden.

Natürlich spielt der Tod eine große Rolle. Das Leben mit dem Tod wird nicht nur sichtbar in den zahlreichen Megalithgräbern außerhalb der Siedlungsareale, sondern auch in Flachgräbern innerhalb der Dörfer und teilweise sogar innerhalb der Häuser. Trotz schwieriger Erhaltungsbedingungen lässt sich erkennen, dass die Hausbestattung den Trichterbechergemeinschaften zumindest teilweise als Verbindung von sakraler und profaner Welt diente.

Neolithische Häuser aus Norddeutschland

Aufgrund der Arbeiten von Denkmalpflege und Schwerpunktprogramm 1400 kennen wir heute 14 Fundplätze mit 64 Hütten und Häusern aus trichterbecherzeitlichen Zusammenhängen in Norddeutschland. Auch wenn dies relativ wenig erscheint, bedeutet dies faktisch eine Verzehnfachung des Bestands in den letzten Jahren. Aus ganz Südskandinavien und Nordmittteleuropa können ca. 250 Hausbefunde aus einem vergleichbaren Zeitraum aufgeführt werden, die sich jedoch stark auf Südschonen und Bornholm konzentrieren. Auch im Vergleich zu anderen mitteleuropäischen Regionen ist die Zahl der bekannten Häuser dieses Zeitraums recht hoch, sofern die Befunde aus den zirkumalpinen Feuchtbodenregionen nicht berücksichtigt werden. So sind z. B. aus dem nördlichen Baden-Württemberg, nördlichen Bayern, Westfalen, Hessen, Rheinland-Pfalz, Sachsen-Anhalt, Thüringen und Sachsen nur wenig mehr als zehn dokumentierte Hausgrundrisse aus dem gesamten 4. Jt. v. Chr. bekannt. Dazu zählen sechs sicher rekonstruierte Salzmünder Häuser aus zwei Fundplätzen im südlichen Sachsen-Anhalt, vier Spätmichelsberger Häuser von Echzell-Wannsee in Mittelhessen und zwei mögliche wartbergzeitliche Häuser aus Warburg-Menne in Ostwestfalen.

Unabhängig von der tatsächlichen Funktion differenziert die Archäologie rein technisch im hier zu betrachtenden Zeitabschnitt zwischen Hütten (ohne Firstpfosten) und Häusern (mit Firstpfosten), dazu Rundhäusern oder Zelten. Auch unterscheiden wir zwischen Einzelhöfen, Weilern (mehrere Höfe) und Dörfern; bei Letzteren lassen sich kommunale Architektur und Aktivität nachweisen.

Ein kurzer Blick auf die Entwicklung neolithischer Siedlungsstrukturen belegt, dass sowohl die Entstehung des trichterbecherzeitlichen Einzelhofs als auch der ersten Dörfer stark zeitversetzt zum südlichen Mitteleuropa oder aber auch zu Südosteuropa stattfand.

Erste Häuser

Aus dem norddeutsch-südskandinavischen Raum sind verschiedene mesolithische Zelt-, Hütten- und Hauskonstruktionen bekannt. Neben Rundbauten kommen vermehrt ab ca. 5300 v. Chr. auch Rechteckgrundrisse vor. Zu den bekanntesten Beispielen, die bisher im übrigen europäischen Mesolithikum keine Parallelen finden, gehören ein regelrecht zweischiffiges Rechteckhaus aus Tingby bei Kalmar und aus dem schonischen Tågerup. Auch wenn die Veränderungen der wildbeuterischen Siedlungsstrukturen möglicherweise auf Kontakte mit südländischen Bodenbauern zurückgeführt werden könnten, deutet sich im skandinavischen Mesolithikum doch ein autarkes Entwicklungspotenzial auch für den Aspekt des Hütten- und Hausbaus an.

Aufgrund des Nebeneinanders von rechteckigen und runden Konstruktionen im nordischen Mesolithikum ist es nicht überraschend, dass zu den ältesten dokumentierten Bauten des norddeutschen Raums das zweischiffige Haus mit abgerundeten, apsidenartigen Abschlüssen und meist leicht konvexen Längsseiten gehört, im Durchschnitt ca. 15 m lang und etwa 5 m breit. Solche Gebäude, die nach zwei Fundplätzen als Haus vom Typ Mossby/Wittenwater bezeichnet werden, finden sich nachweislich im skandinavischen Raum recht früh (ab ca. 3900 v. Chr.) und sind in Norddeutschland ab ungefähr 3600 v. Chr. nachgewiesen.

Mossby/Wittenwater-Häuser

Bei Wittenwater (Lkr. Uelzen) handelt es sich um einen bereits 1961 bis 1965 entdeckten Fundplatz: Innerhalb einer 500 m² großen trichterbecherzeitlichen Kulturschicht fand sich ein Grundriss mit parallel gestellten Pfosten an den Längsseiten und zwei abgerundeten Stirnseiten (15,6 m × 6 m). Das Haus ist in drei »Module« eingeteilt, die durch zwei eingezogene Querwände voneinander getrennt sind. Im nördlichen Bereich häuften sich Silexartefakte. Neben der Feuerstelle im mittleren »Modul« ist es hauptsächlich ein südlich anschließender möglicher Speicherbau aus fünf kreuzförmig gestellten Pfostensetzungen, der auf eine eher zentrale Funktion dieses Gebäudes schließen lässt. Während das Haus von Wittenwater nur anhand der Düsedauer Tiefstichkeramik grob auf etwa 3650 bis 3350 v. Chr. datiert werden kann, gibt es im dänischen Frydenlund (Fünen) und in Limensgård auf Bornholm entsprechende Häuser, die wohl bereits in das 39. Jh. v. Chr. gehören. Im mecklenburgischen Carpin 10 fand sich

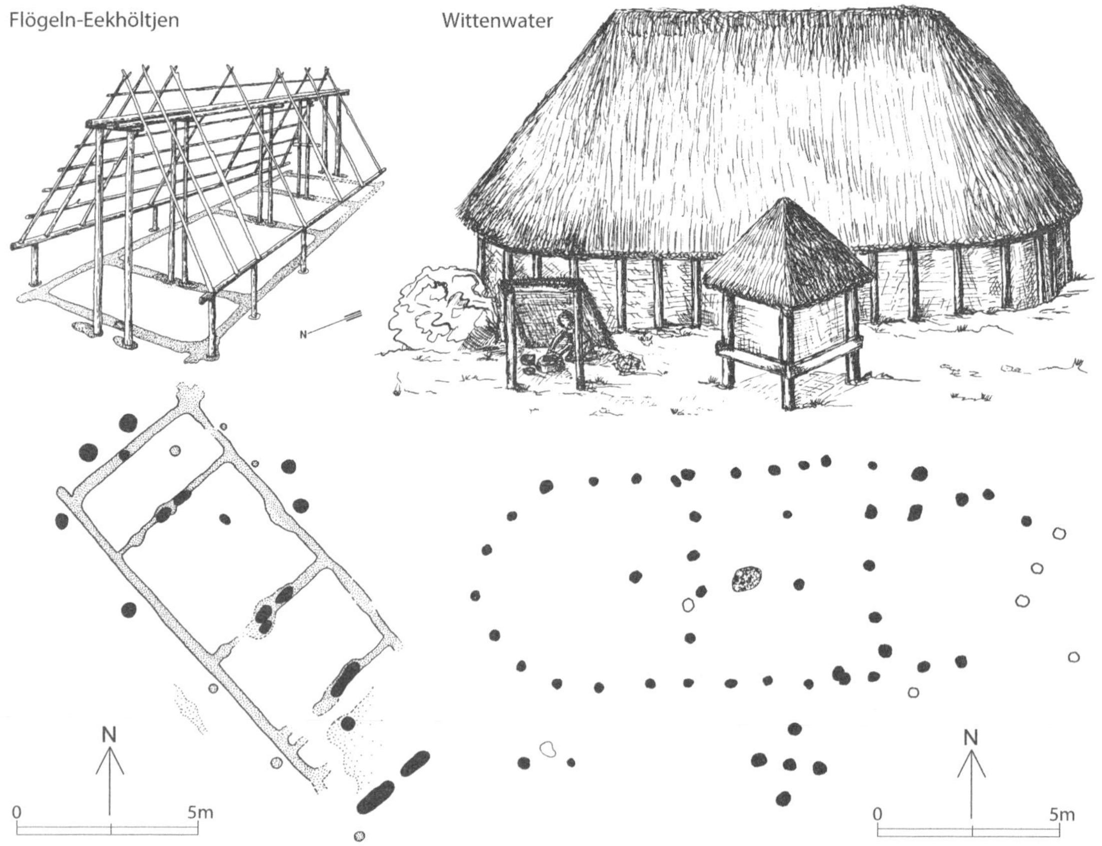

Rechteckhäuser vom Typ Flögeln und Apsidenhäuser vom Typ Mossby/Wittenwater unterscheiden sicher erheblich in Architektur und Raumgestaltung. Dies verdeutlicht bereits Hajo Zimmermanns Rekonstruktion der Häuser von den eponymen Fundplätzen Flögeln (3300–3100) und Wittenwater (3650–3350 v. Chr.) aus dem Jahr 1979.

ein 18 m × 5 m großes zweischiffiges Gebäude mit abgerundeten Stirnseiten, dessen Datierung schwierig ist, das aber ebenfalls ein Haus vom Typ Mossby darstellen könnte. Hier sind zudem Wandgräbchen beobachtet worden.

Als Typ Mossby wurden auch die fünf mittelneolithischen Häuser der Siedlung Oldenburg-Dannau LA 77 angesprochen. Aufgrund der Regelmäßigkeiten von Pfostenabständen und Unterschieden in den Artefaktverteilungen zwischen innen und außen gelang es Jan Piet Brozio, Hausgrundrisse zu identifizieren: Bei Dannau Haus 1 handelt es sich um ein ca. 15 m langes sowie 5 m breites Gebäude mit apsidenartigen Stirnseiten und einer Firstpfostenreihe aus starken Pfosten, die im Abstand von 2 bis 2,5 m niedergebracht wurden. Hinweise auf eine Raumteilung liefern drei noch mächtigere Pfosten, die einen Raum im Nordwesten abzutrennen scheinen. Für eine allerdings schwer nachvollziehbare funktionale Differenzierung im Inneren spricht die Auffüllung des vorher ausgeschachteten Innenraums (»sunken floor«) im Nordwesten und eine Grube im mittleren Teil. Der Firstachse nordwestlich vorgelagert findet sich ein Erdgrubengrab mit der disartikulierten Knochenverteilung eines 45- bis 55-jährigen Individuums. Im Nordwesten konzentrieren sich Keramikreste, im Südwesten dagegen Mahl- und Schleifsteine bzw. Tierknochen. Haus 1 datiert in die Zeit zwischen 3110 und 3020 v. Chr.

In Haus 2, das nur auf einer Länge von 7 m ausgegraben wurde, zeigt sich im untersuchten Bereich eine unterschiedliche räumliche Verteilung von Keramik und Flintartefakten, dazu eine geringe Zahl an Tierknochen, was die für Haus 1 angedeutete funktionale Trennung bestätigen würde. Gleichzeitig bestand Haus 3, das nur schlecht erhalten ist und oberhalb eines verfüllten Brunnens und der oben erwähnten Bestattung angelegt wurde (3020–2990 v. Chr.). Von Haus 4 sind die Firstpfosten erhalten, eine Grube im Südwesten kann dem Haus zugeordnet werden. Auch bei Haus 5 sind es primär die Firstpfosten, die eine Rekonstruktion des mindestens 8,5 m, aber wahrscheinlich 15 m langen Gebäudes erlauben.

Während des gesamten Früh- und Mittelneolithikums ist mit Häusern vom Typ Mossby/Wittenwater zu rechnen. Für ein sehr frühes Vorkommen des Typs Mossby in Teilen Skandinaviens sprechen Hausbefunde unter nichtmegalithischen Langhügeln, die etwa um 3800 v. Chr. errichtet wurden. So gibt es in Bygholm Nørremark, Alstedgaard und Damsbo doppelapsidige Langbauten unter entsprechenden Grabmonumenten. Während Typ Mossby keine Raumteilung des Hauses erkennen lässt, ist dies bei Wittenwater der Fall.

Die Apsidenhäuser vom Typ Mossby im Grabungsausschnitt der Siedlung Oldenburg-Dannau LA 77 enthielten unterschiedlich verzierte Keramikinventare. Neben zeitlichen Abweichungen werden auch solche zwischen den Haushalten sichtbar. Im Süden markieren Pfähle die Einhegung der Inselsiedlung (Oldenburg 1: 3270–3110 v. Chr., Oldenburg 2: 3110–3020 v. Chr., Oldenburg 3: 3020–2940 v. Chr.).

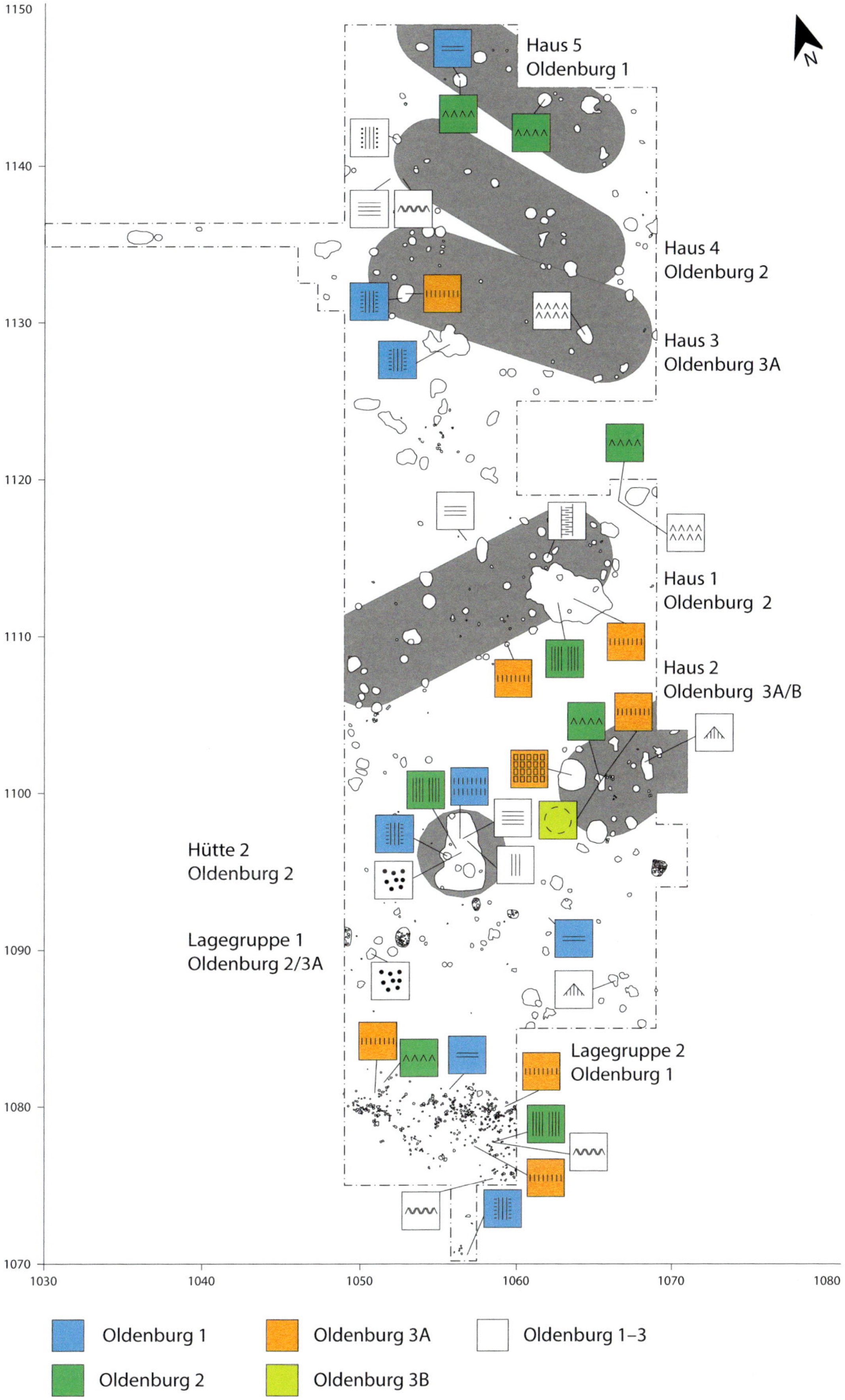

Die Siedlung Oldenburg-Dannau LA77 um 3000 v. Chr. Etwa 200 Menschen lebten im Dorf.

Haustyp Dagstorp

Zusätzlich zu den Häusern des Typs Mossby/Wittenwater kennen wir dann aus dem jüngeren Früh- sowie dem Mittelneolithikum trapezförmige oder rechteckige Gebäude vom Typ Dagstorp I bzw. II. Sie sind zweischiffig und im gesamten Trichterbecherraum recht einheitlich gestaltet. Klassisches Beispiel ist das Haus aus Rastorf, das unterhalb eines Rundhügels mit Dolmen entdeckt wurde und wo der mittlere Teil durch ein später an der Stelle errichtetes Megalithgrab gestört ist. Aufgrund von ^{14}C-Daten und typochronologischer Einordnung der Keramik lässt sich das Rechteckhaus in das 38. Jh. v. Chr. datieren. Auch dieses große Gebäude, das ca. 18 m lang und 7 m breit war, ist wie die meisten Trichterbecherhäuser ost-westlich orientiert.

Die neuen Rechteckhäuser setzen sich ab spätestens ca. 3600 v. Chr. durch und verweisen auf einen Wandel innerhalb der Gesellschaft, der, wie wir sehen werden, nicht nur in der veränderten Hausbauweise zum Ausdruck kommt. Ein weiterer Vertreter ist das Rechteckhaus aus Hemmingstedt LA 2, das als zweischiffiger Bau mit 7 m Breite und mindestens 15 m Länge ebenfalls recht groß ist und wohl aus dem 35. Jh. v. Chr. stammt. Abgesehen von diesen frühneolithischen Gebäuden ist Haus 1 aus Lavenstedt ein typischer Vertreter des Typs Dagstrop II, das in das 33. bis 32. Jh. v. Chr. datiert. Es handelt sich um ein 14 m langes und 6 m breites Haus mit Mittelpfostenreihe, die im Abstand von 1,5 m aus doppelten und einzeln stehenden Mittelpfosten besteht.

Das zweischiffige frühneolithische Haus von Rastorf entspricht dem Haustyp Dagstorp. Neben dem durch ein späteres Megalithgrab gestörten Hausgrundriss erkennen wir mit vorgelagertem Feld, Flachgrab und Gruben zur Abfallbeseitigung einen typischen Trichterbechereinzelhof des 37. Jh. v. Chr.

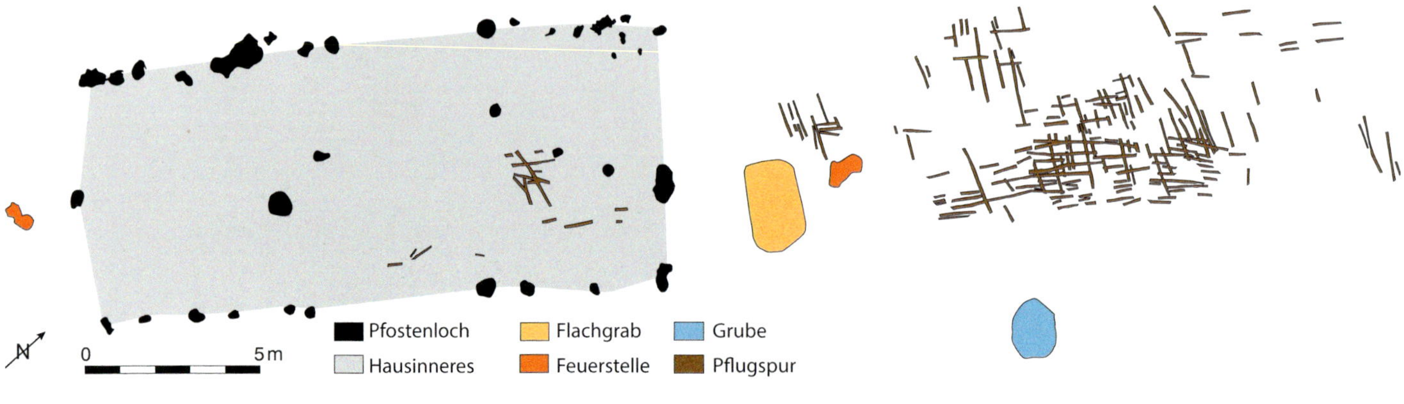

Haustyp Flögeln

Eine Unterscheidung mehrerer Funktionsbereiche bzw. Räume innerhalb der Gebäude wird insbesondere bei einem Haustyp deutlich, der charakteristisch für die Trichterbecherwestgruppe ist: Ab frühestens 3400 v. Chr. kennen wir trapez- oder rechteckige Häuser mit geradem Abschluss und einer inneren Raumgliederung, die ein- oder zweischiffig sein kann – der Haustyp Flögeln. Die ältesten Bauten stammen derzeit aus dem niedersächsischen Pennigbüttel, wo auf einer Geestinsel im Teufelsmoor ein rechteckiges und ein trapezförmiges Haus ausgegraben wurden. Während wir beim etwas älteren Rechteckbau zwei Innenräume vorfinden, sind es beim trapezförmigen Bau mindestens drei Module, die voneinander unterscheidbar sind. Ein Raum des Moduls 1 war sakralen Handlungen vorbehalten; hierin finden sich Bestattungen. Bei den beiden Räumen des Moduls 2 handelt es sich um häusliche Nutzungsbereiche mit ehemaligen Werkplätzen und Feuerstellen. In der Innengliederung der Häuser vom Typ Flögeln, die erstmals Moritz Mennenga 2015 als regelhaftes Grundprinzip erkannte, dürfte sich das Prinzip fortsetzen, das auch bei älteren Gebäuden des Typs Wittenwater bereits erkennbar war.

Am namengebenden Fundplatz Flögeln-Eekhöltjen wurde bereits 1977 eine Siedlungsstelle mit drei Hauskomplexen ausgegraben, von denen Gebäude 12100 das erste überhaupt publizierte der Trichterbecherwestgruppe war. Es besteht aus drei Räumen und einem Antenaum, die als Module hintereinander geschaltet einen rechteckigen Grundriss von 13 m × 4,7 m ergeben. Im südlichsten geschlossenen Raum fand sich bei einer Nachgrabung 2003 eine Feuerstelle. Eine Firstpfostenreihe aus breiten Doppelpfosten, die jeweils vor, hinter und innerhalb des Hauses positioniert bzw. integriert waren, trugen das ehemalige Dach. Von der Wandkonstruktion blieben die Wandgräbchen erhalten, aus denen keine Pfostenvertiefungen bekannt sind, ebenso wenig wie außerhalb oder innerhalb der Wände, die ursprünglich mit den Wandgräbchen in Bezug standen. Dagegen sind die Mittelpfosten bis zu 50 cm, durchschnittlich 20 cm eingetieft, während die Wandgräbchen mit wesentlich geringerer Tiefe erhalten waren. Bei einer verstärkten Erosion wären also vom Haus selbst nur noch die Mittelpfosten erkennbar gewesen.

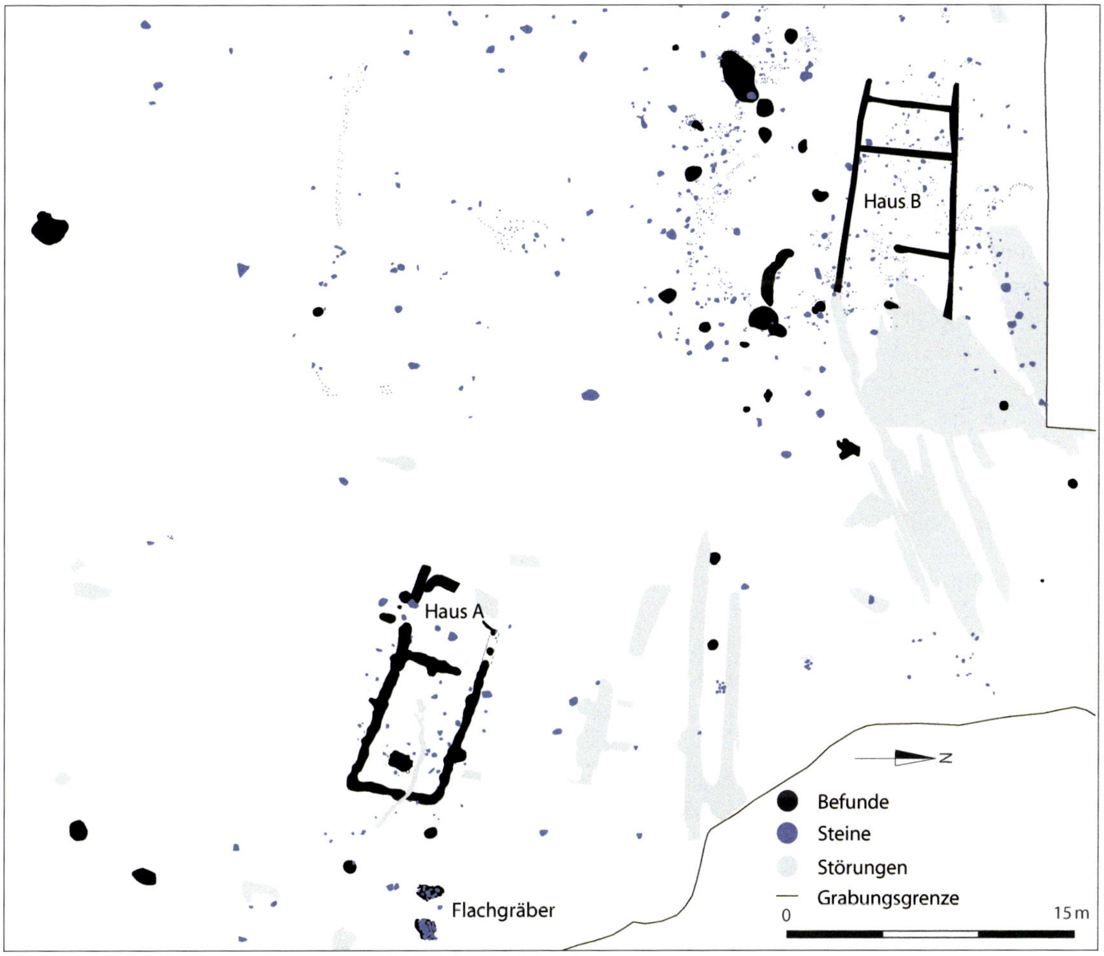

Wandgräbchen und Raumaufteilung sind typisch für die Häuser vom Typ Flögeln. Zwei Gebäude mit jeweils drei Innenmodulen wurden bei Pennigbüttel auf einer Geestinsel im Teufelsmoor ausgegraben.

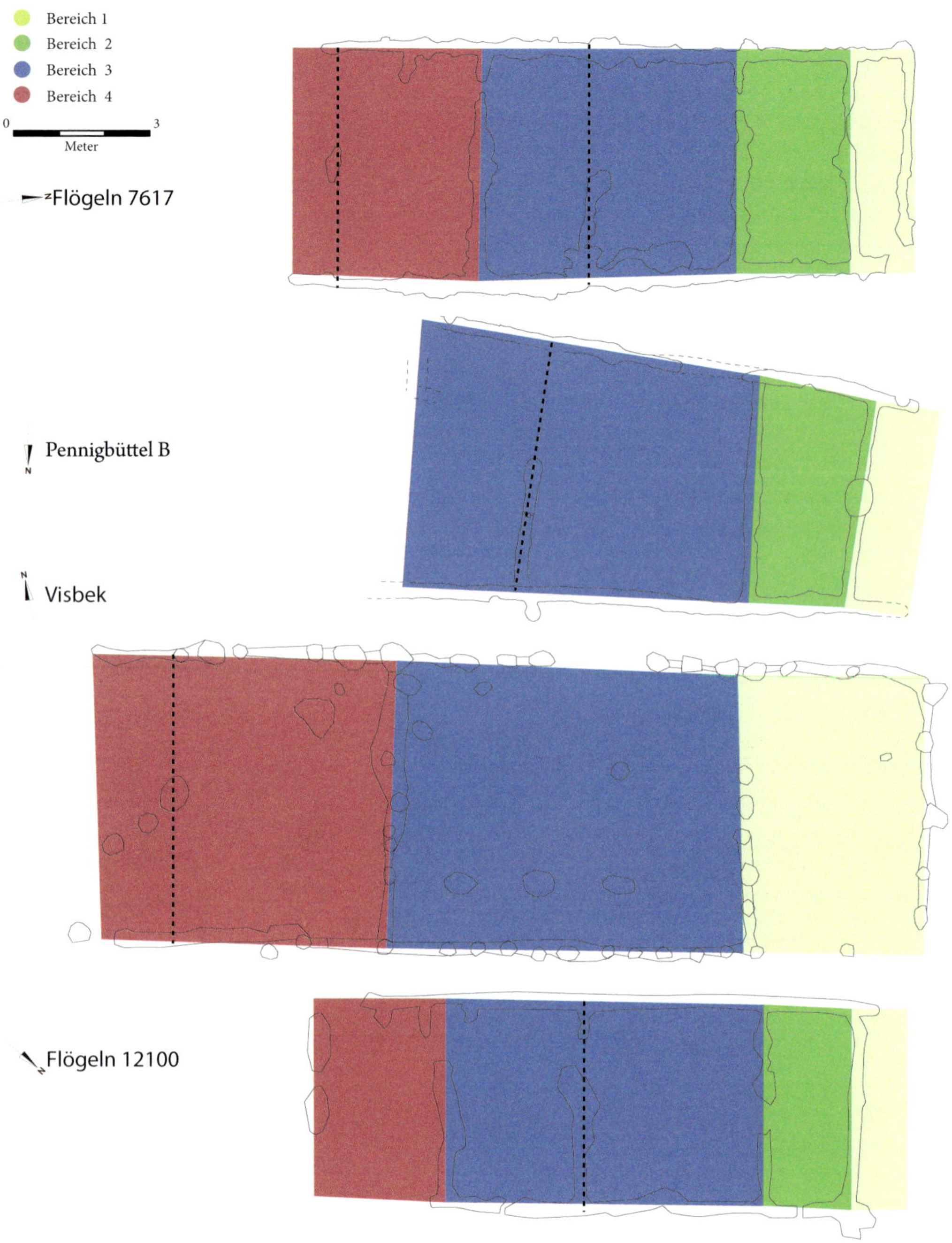

Moritz Mennenga entdeckte die ähnliche Raumgestaltung der Häuser vom Typ Flögeln. Bereich 1 diente rituellen Funktionen, die Bereiche 2 und 3 repräsentierten den Werk- und Lebensraum, Bereich 4 ist meist als Antebau nach außen offen.

Zur Klärung der Raumfunktion in Gebäuden vom Typ Flögeln trug die Auswertung des zweiten Hauses 7617 vom eponymen Fundplatz entscheidend bei. Der diesmal nordsüdlich ausgerichtete Bau ist mit 13,5 m Länge und 5,5 m Breite in etwa gleich groß wie Haus 12100. Doch erstaunlicherweise ist die Bauweise trotz ähnlicher Grundrissgestaltung anders: 95 Pfostengruben ließen sich identifizieren, die sowohl in die Wandgräbchen eingetieft waren als auch zur weiteren Konstruktion gehörten, doch sind die Pfosten der Wandgräbchen tiefer als die im Innenraum. Eine Mittelpfostenreihe fehlt, sodass ein einschiffiges Gebäude mit Satteldach anzunehmen ist. Die raumtrennenden inneren Wandgräbchen verweisen auf vier bis fünf Räume. Im nördlichsten, kleinsten Raum fand sich eine vermeintliche Grabgrube und die Standspur eines Findlings, der als »Wächterstein« angesprochen wurde. Raum 1 kann folglich als sakraler Raum interpretiert werden. Raum 2 und der über einen Durchgang verbundene Raum 3 mit Feuerstelle in der Südostecke schließen sich Richtung Süden an. Raum 4 könnte nur durch eine Feuerstellenverkleidung partiell von Raum 3 getrennt gewesen sein. Der südlichste anschließende Teil des Hauses wird von einem offenen Antenraum gebildet, wobei das Dach hier im Gegensatz zum übrigen Gebäude über Mittelpfosten getragen wird. Erhöhte Phosphatwerte deutete der Ausgräber Hajo Zimmermann als möglichen Hinweis auf ein temporäres Unterstellen von Tieren. Entsprechend lässt sich also ein sakraler Raum im nördlichsten sowie ein Antenraum für die Viehhaltung im südlichsten Teil des Hauses von den Lebens- und Werkräumen unterscheiden. Über dichter gestellte Pfosten haben die eingezogenen Querwände offensichtlich die Last des Dachs verteilt; eine Firstpfostenreihe im Inneren fehlte.

Das größte bisher nachgewiesene Haus vom Typ Flögeln mit 123 m² stammt aus Visbek-Uhlenkamp. Die 19 m lange und 7 m breite Konstruktion zeichnet sich durch Wandgräben, darunter Querwände mit wohl ebenfalls tragender Funktion, eine Firstreihe und drei abgeteilte Räume aus. Im östlichen Raum 1 fanden sich ein zusätzlicher Pfosten und eine Grube mit Gefäßdeponierungen, die möglicherweise als Reste eines Erdgrubengrabs mit Beigaben anzusprechen ist. Einige Gruben im mittleren Raum lassen sich nur schwer interpretieren, doch handelt es sich wahrscheinlich um den Werkbereich, zu dem ein ca. 1,5 m breiter Zugang von Norden bestand. Im Westen lag anschließend ein 36 m² großer Antenraum. Das Gebäude datiert ungefähr in die Zeit von 3250 bis 3200 v. Chr. Eines der jüngsten Häuser des Typs Flögeln stammt aus Stolpe-Depenau bei Kiel, das vermutlich an den Beginn der Einzelgrabkultur um etwa 2800 v. Chr. datiert.

Haustyp Büdelsdorf

Eine Mischung aus Typ Dagstorp und Mossby stellt die trichterbecherzeitliche Gebäudeform Typ Büdelsdorf dar. Sie ist gekennzeichnet durch einen geraden Abschluss auf der südwestlichen und einen apsidalen Abschluss auf der nordöstlichen Stirnseite.

In Büdelsdorf, heute am Nordostseekanal gelegen, konnten 2016 bei der Auswertung der Grabung (1968–1972) durch Franziska Hage etwa zehn mittelneolithische Bauten rekonstruiert werden. Am besten erhalten ist Haus 4, das mit 25,5 m Länge und 5,5 m Breite eher zu den kleineren Büdelsdorfer Häusern gehört. Das Gebäude weist einen geraden Abschluss im Süden und einen apsidalen im Norden auf. Erkennbar sind die beiden Wandgräbchen, die insbesondere die Längsseiten eingrenzen, während die südwestliche Stirnseite drei größere Pfosten und den Hauseingang aufweist. Die Nordostseite ist hingegen wie erwähnt apsidenartig gebaut. Im Inneren erkennen wir eine Firstpfostenreihe, dazu Pfostensetzungen von möglichen Querwänden, die eine Aufteilung in drei Räume nahelegen, dazu eine Feuerstelle im mittleren Raum. Zwei größere Pfosten im Bereich der Querwände könnten einen Zwischenboden gestützt haben.

Die übrigen in Büdelsdorf rekonstruierten Gebäude sahen unter Berücksichtigung der unterschiedlichen Erhaltungsbedingungen ganz ähnlich aus wie Haus 4: Sie sind mit einer Ausnahme ebenfalls nordost-südöstlich orientiert, doch haben sie durchgehend eine größere Grundfläche. Heraus sticht Haus 1 mit ungefähr 36 m Länge. Bei dem ca. 30 m langen Gebäude 5 ist ferner eine Aufteilung in drei Räume erkennbar; eine weitere Querwand existiert bei Haus 7. Falls Wandgräbchen erhalten sind, lassen sich Pfostensetzungen darin ausmachen. Feuerstellen sind aus Haus 2, 3 und 10 im südlichen bzw. nördlichen Teil bekannt, aus Haus 3 sogar drei. Grundsätzlich handelt es sich also um zweischiffige Gebäude mit teilweise nachgewiesenem apsidalem Abschluss und innerer Raumaufteilung.

Das Haus von Rullstorf (37.–34. Jh. v. Chr.) im Lüneburgischen verfügt entsprechend über zumindest eine apsidenartige Stirnseite. Es gibt fünf abgetrennte Räume, wobei die beiden südlicheren als Werkbereiche zu identifizieren sind. Eine Grube mit vierhenkeliger Amphore dürfte möglicherweise ein Grab im Haus darstellen. Aufgrund der spezifischen nordnordöstlich orientierten Apsidenteile in Häusern des Typs Büdelsdorf darf sicher eine besondere Bedeutung angenommen werden, die sich in den Rechteckbauten nicht widerspiegelt.

Mit den großen parallelseitigen Büdelsdorf-Gebäuden erfassen wir einen Haustyp, der mit Wandgräbchen und apsidalem Abschluss auf einer Stirnseite, dazu der nachgewiesenen Raumaufteilung eine Symbiose aus unterschiedlichen Elementen des trichterbecherzeitlichen Hausbaus darstellt: die Nutzung von Wandgräbchen im Haustyp Flögeln bzw. des nur in Skandinavien bekannten Haustyps Limensgård, rechteckige oder apsidale Abschlüsse wie beim Typ Dagstorp oder Mossby und die Innenraumteilung wie bei den Gebäudeformen Wittenwater oder Flögeln. Vergleichbar in Bezug auf den einseitigen apsidalen Abschluss sind die Häuser von Heek 2 und Rullstorf, in Bezug auf die Kombination mit Wandgräbchen insbesondere Heek 2. Während Rullstorf offensichtlich früher datiert als Büdelsdorf, ist die Siedlung von Heek mehr oder weniger gleichzeitig. Grundsätzlich wird also deutlich, wie vielfältig die Hausentwicklung und -gestaltung der Trichterbechergemeinschaften war, aber offensichtlich auch, wie der gegenseitige Kontakt zur Herausbildung neuer Hausformen geführt hat.

Hütten und Gruben

Neben den apsidenartigen oder rechteckigen Häusern kennen wir aus dem skandinavischen Raum darüber hinaus zu allen Zeiten Rundhütten, die nahtlos an die mesolithische Bautradition anschließen. Obwohl derzeit vieles für eine regionale südskandinavische Tradition spricht, ist möglicherweise auch im norddeutschen Raum mit solchen runden Baustrukturen zu rechnen, doch fehlen hier bisher eindeutige Nachweise. Neben solchen Hütten mit runder bzw. ovaler Form konnten in Skandinavien weiterhin U-, D- oder hufeisenförmige Hütten sowie viereckige Hütten mit quadratischer oder rechteckiger Form identifiziert werden, für die es auch in Norddeutschland Parallelen gibt:

- »Haus« 15 der Siedlung Hunte am Dümmer (5,2 m × 4 m) gilt laut einer solchen klassischen Definition als Rechteckhütte. Über die im Feuchtbodenmilieu erhaltenen Pfahlsetzungen und den Lehmestrich ließ sich die Hüttengröße mit ihren beiden Feuerstellen und den Resten eines Prügelbodens rekonstruieren. Der Holzboden inklusive Feuerstelle ist offensichtlich einmal am gleichen Platz erneuert worden.
- Die Hütte Flögeln-Eekhöltjen 5700 (6,3 m × 4,4 m) weist eine mehr oder weniger rechteckige, durch Steine unterstützte Planken- und Pfostenkonstruktion auf, die sich über einer Grube mit Feuerstelle befand. In der möglicherweise Richtung Süden offenen Hütte wurde offensichtlich Keramik gebrannt.
- Vom Fundplatz Oldenburg-Dannau LA 77 liegen vier Hütten vor. Hütte Oldenburg-Dannau 1 ist eine aus dünnen Stangen errichtete, 5 m × 3,4 m große rechteckige, u-förmige Konstruktion, die ebenfalls nach Süden offen ist (3020–2990 v. Chr.). Hütte Oldenburg-Dannau 2 über einem ehemaligen Brunnen besitzt eine ovale Form (4 m × 2,5 m) und könnte aufgrund des Fundmaterials einen Silexwerkplatz geschützt haben (3110–3020 v. Chr.). Hütte Oldenburg-Dannau 3 ist als kleine rechteckige Konstruktion über einer Grube errichtet worden, deren Funktion unklar ist. Hütte 4 über einer Grube setzt sich aus vier Pfosten zusammen. Möglicherweise handelt es sich um einen Speicherbau (3020–2920 v. Chr.).

Auch abgesehen von der Form der Hütten wird also deutlich, dass offensichtlich mit recht unterschiedlichen Funktionen zu rechnen ist. Einerseits gibt es Hütten, die als kleine Behausungen mit Feuerstellen ausgestattet sind und eine Art »Wohnung« darstellen. Im norddeutschen Raum existieren die Hütten z. B. in Hunte am Dümmer und in Oldenburg-Dannau gleichzeitig mit anderen Häusern – eine Situation, die auch von schwedischen Fundplätzen bekannt ist.

Neben solchen Hütten, die in kleinere Weiler oder auch Dörfer integriert sind, kennen wir auch solche,

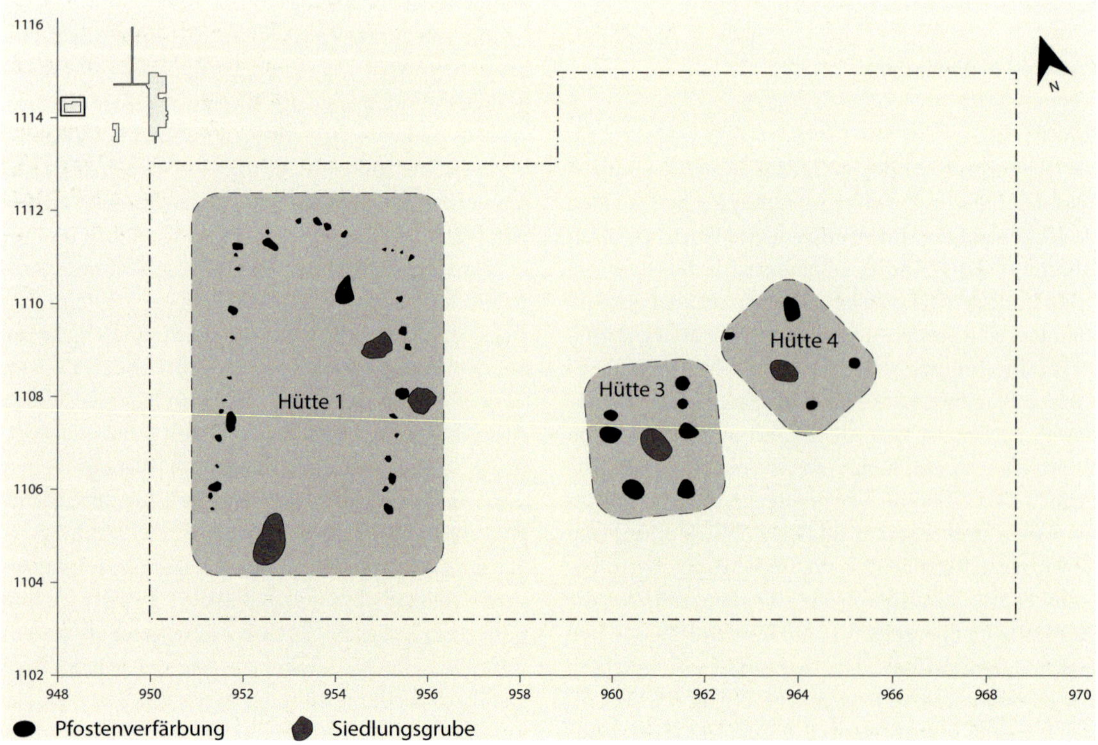

Hütten sind ein ständiger Begleiter von Hausplätzen der Trichterbechernordgruppe. Die Funktion einer hufeisenförmigen Hüttenkonstruktion aus Oldenburg-Dannau ist unbekannt, bei zwei anderen handelt es sich um Speicherbauten (3020–2920 v. Chr.).

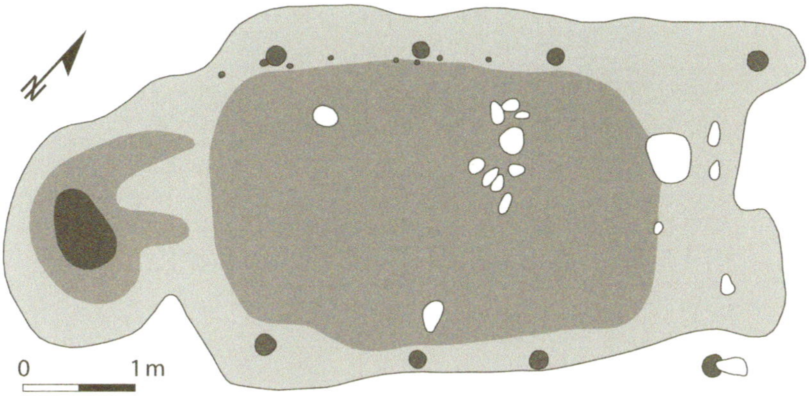

Ein temporärer Werkplatz mit Grubenhaus aus der Zeit um 3650 v. Chr. ist aus dem westholsteinischen Frestedt LA 67 bekannt. Der Grubenboden bestand aus einem Steinpflaster. Sechs tragende Pfosten im Abstand von 1,1 bis 1,5 m bilden die Basis der wohl zeltartigen Dachkonstruktion.

die besondere, möglicherweise nur temporäre Plätze mit besonderen Aktivitäten darstellen. Zu solchen gehören sicher die Gruben mit hüttenartigen Konstruktionen z. B. aus dem westholsteinischen Frestedt LA 67 (ca. 3650 v. Chr.). Der Grubenboden bestand aus einem Steinpflaster, sechs tragende Pfosten im Abstand von 1,1 bis 1,5 m und Spannweiten zwischen 2,65 m und 2,8 m bildeten die Flechtwandkonstruktion mit einer im Süden vorgelagerten Feuerstelle. In einer etwa 2 bis 3 m breiten Zone mit Flintstreuungen in den östlichen Vorflächen der Hütte, die über einem ursprünglichen Toteisloch angelegt wurde, sind mindestens drei Werkplätze von Silexschlägern auszumachen. Vergleichbar mit Frestedt sind andere Hütten der Trichterbechernordgruppe, beispielsweise im südwestschonischen Östra Karaby, wo 2005 bei Rettungsgrabungen eine ähnlich dimensionierte Hütte mit Feuerstelle, ebenfalls aus dem beginnenden Frühneolithikum, dokumentiert wurde.

Im ostholsteinischen Ratekau-Hobbersdorf wurden während des jüngeren Frühneolithikums an einem Hang rechteckige Gruben um teilweise immer wieder erneuerte Feuerstellen angelegt. Die Grubensohle von Hütte 9 etwa weist rechteckige, leicht abgerundete Wandgräbchen (6 m × 2,8 m) auf, in deren Innern sich zwei Firstpfosten im Abstand von 2 m befinden. Um die Hütte gruppieren sich mehrere Feuerstellen. Eine andere, 4,5 m lange und 2,7 m breite Grube ist tiefer angelegt (0,8 m) mit stufenförmiger Abflachung und ebenfalls zwei Firstpfosten. Insgesamt liegen 14 solcher gerundeter oder rechteckig bis langovaler Gruben unterschiedlicher Erhaltung vor, die sich teils stratigrafisch überlagern. Die hohe Zahl an Flintabschlägen und -geräten im Gegensatz zu fehlenden Beilen und Klingen spricht für eine temporäre Jagdstation, an der Waffen hergestellt wurden. Einen vergleichbaren Befund aus der Zeit um 3400 v. Chr. kennen wir aus Gristow-Buckowberg (Lkr. Greifswald): Eine 6 m × 2 m eingetiefte Fläche mit Feuerstelle erinnert stark an die eben beschriebenen Wohnhütten aus Ratekau-Hobbersdorf.

Die Fälle eingetiefter Gruben mit und ohne Giebeldachkonstruktion dienten offensichtlich nur zu Wohnzwecken innerhalb temporärer Lager, teils mit Feuerstellen außerhalb der Behausung. Bei den genannten Beispielen handelt es sich um Jagdstationen. Die anderen, reinen Funktionshütten – in Flögeln für die Keramikproduktion oder in Oldenburg-Dannau als Silexwerkplätze – sind aus dauerhaften Ansiedlungen bekannt und können ganz unterschiedlich konstruiert sein: mit Schrägdach, Giebeldach oder Ähnlichem.

Gruben, Gräber, Brunnen

Neben den sehr gut vorgelegten und rekonstruierbaren trichterbecherzeitlichen Hütten und 34 Häusern aus Norddeutschland, von denen zwei zur altmärkischen Tiefstichkeramik, 11 zur Trichterbecherwest- und 21 zur Trichterbechernordgruppe gehören, gibt es noch andere Baubefunde, an denen sich alltägliche profane, aber wohl auch nicht alltägliche rituelle Aspekte ablesen lassen.

Aus sämtlichen trichterbecherzeitlichen Fundplätzen mit Häusern und Hütten sind Gruben unterschiedlichster Form bekannt, deren primäre Funktion nur manchmal erschlossen werden kann (z. B. Lehmentnahme, Abfallentsorgung). Sekundär dienten sie immer zur Müllbeseitigung. Solche Deponierungsplätze sind auch als Grubenkomplexe oder Verfüllungen von anderen Objekten wie Brunnen bekannt. Ein gutes Beispiel ist die Siedlung Lavenstedt, wo in einer nahen Senke Deponierungen stattfanden.

Ab dem Frühneolithikum gibt es in der Trichterbechernordgruppe auch Fundplätze ohne Haus- oder Hüttenbefunde, dafür aber mit Gruben, die als Siedlungs- oder Lagerplätze verstanden werden, so z. B.

Zahlreiche Gruben unterschiedlicher Funktion (Abfallbeseitigung, rituelle Deponierung, Materialgewinnung) sind von Trichterbechersiedlungen bekannt. Eine Grube mit Brandhorizonten in Büdelsdorf stammt aus der Zeit um 3300 v. Chr.

Innerhalb der Siedlung Oldenburg-Dannau liegt in einem Einzelgrab offensichtlich die 40- bis 50-jährige Dorfgründerin (um 3350 v. Chr.) bestattet. Erst nach mehreren Generationen wird um 3080 v. Chr. das Grab gestört und bei einer rituellen Deponierung der rechte Oberschenkelknochen entnommen.

eine Grubenansiedlung im Lübecker Stadtgebiet. Auch aus Flintbek bei Kiel kennen wir eine entsprechende Grube aus der Zeit um 4100 v. Chr., die mit ca. 3,5 m × 3 m und 0,55 m Tiefe wohl auf Siedlungsaktivitäten hindeutet. Im schwedischen Almhov bei Malmö (Schonen) wurde eine kreisförmige Anordnung von Doppelgruben erfasst, die mit Doppelpfostensetzungen verbunden sind und offensichtlich Reste eines zwischen 4000 und 3800 v. Chr. immer wieder aufgesuchten Zeltlagers darstellen. Dieses vermutlich periodisch aufgesuchte Lager besaß einen Durchmesser von ca. 250 m mit einer Deponierungsstelle im Zentrum.

Bezeichnenderweise fanden sich an allen umfangreicher ausgegrabenen Plätzen mit Häusern oder Hütten auch Flachgräber oder Deponierungen menschlicher Knochen. Auf die Gräber oder Gefäßdeponierungen in den Häusern von Flögeln, Visbek-Uhlenkamp, Pennigbüttel A, die Flachgräber im Haus von Rastorf und Oldenburg-Dannau LA 77 wurde bereits eingegangen. Weitere Flachgräber, ob als Erdgrubengräber oder Steinpackungen, sind in naher Distanz zu den Häusern oder Hütten in Oldenburg-Dannau (7), Pennigbüttel (2), Lavenstedt (2), Flögeln (8) oder Visbek 426 (2) zu beobachten. In Oldenburg-Dannau existiert neben dem bereits beschriebenen Erdgrubengrab bei Haus 1 ein weiteres, das als Grab der Dorfgründerin angesprochen wird. In Rastorf liegt ein Erdgrubengrab 2 m vom Haus entfernt. Steinpackungsgräber befinden sich in Pennigbüttel in 4 bzw. 5 m Distanz zum Haus A, in Oldenburg-Dannau in größerer Distanz von bis zu 40 m. Überall dort, wo die Erhaltungsbedingungen das Auffinden von Knochen ermöglichen, konnten darüber hinaus menschliche Überreste in Uferzonen nachgewiesen werden, wie in Oldenburg-Dannau und Hunte 1.

Ein offensichtlich bedeutender Bestandteil trichterbecherzeitlicher Siedlungen waren Brunnen. Während einerseits die profane Wasserversorgung im Vordergrund stand, wird immer deutlicher, dass auch rituelle Aktivitäten mit diesem wichtigen Element des täglichen Lebens verbunden waren. Dabei lassen sich Brunnen mit geflochtener oder hölzerner Einfassung von Wasserlöchern oder Wasserquellen unterscheiden. Gerade in der skandinavischen Archäologie

Der Schädel eines 12- bis 15-jährigen Jungen wurde in Oldenburg-Dannau in der Uferzone niedergelegt (um 2900 v. Chr.). Einzelne Knochen- oder Schädeldeponierungen sind ein allgemeines Phänomen auf Trichterbechersiedlungen.

Die Brunnen von Oldenburg-Dannau wurden rituell verfüllt. Um 3080 v. Chr. gelangen neben kostbaren Speise- und Trankbeigaben auch der Oberschenkelknochen der vermeintlichen Dorfgründerin und Mahlsteinbruchstücke in den Schacht.

wurde kürzlich dargelegt, dass in Jütland aufgrund zunehmender Abholzung und Landöffnung im Zuge der Einführung neuer ackerbaulicher Methoden und Intensivierung der Viehwirtschaft vermehrt mit Quellhorizonten zu rechnen war. Tatsächlich sind ab ca. 3600 v. Chr. verstärkt rituelle Deponierungen an solchen Wasserquellen oder Wasserlöchern zu beobachten. Eine profane Nutzung dieser Bereiche lässt sich schon früh feststellen, wie z. B. am Toteisloch von Frestedt: Zur Zeit als das Toteisloch noch als Wasserstelle diente, hat man es nach und nach verfüllt, bevor um 3600 v. Chr. eine Hütte über dem Terrain errichtet wurde.

Abgesehen davon sind auch in norddeutschen Siedlungen zylindrische Brunnenanlagen an Stellen natürlicher Wasserlöcher durch moderne Grabungen nachgewiesen worden. Als bestes Beispiel lässt sich Oldenburg-Dannau LA 77 nennen, wo zwei solcher Brunnen mit 2,3 m bzw. 1,4 m Tiefe sowie einem Durchmesser von 1,2 m untersucht wurden. Die Anlagen wurden an unterschiedlichen Bereichen des leicht abfallenden Terrains angelegt, doch erreichten sie die grundwasserführenden Schichten jeweils auf demselben Tiefenniveau. Klar ist, dass die Brunnen zur Wasserversorgung der Bevölkerung dienten, denn die Siedlung ist inselartig von Brackwasser umgeben. Wann die Brunnen angelegt wurden, lässt sich nicht mit Sicherheit sagen, da die Verfüllung nur etwas über das Nutzungsende aussagt. Doch es ist anzunehmen, dass die Brunnen bereits mit Beginn der Siedlung verwendet wurden, da es keine andere Art der Wasserversorgung gegeben hat.

Die beiden Brunnen liegen etwa 40 m voneinander entfernt und weisen unterschiedliche Verfülldaten auf: Brunnen 1 um 3080 v. Chr., Brunnen 2 um 3150 v. Chr. Da der näher am Ufer gelegene Brunnen früher verfüllt wurde als der weiter entfernte, könnten hier Probleme mit dem Brunnenwasser wie z. B. Versalzung aufgetreten sein. Umso bemerkenswerter ist die Tatsache, dass die Verfüllprozesse trotz des unterschiedlichen Zeitpunkts absolut vergleichbar sind. In Brunnen 1 wurden zunächst wichtige und wertvolle organische Hinterlassenschaften deponiert wie Äpfel, Getreide und gesammelte Pflanzen. Darauf folgte eine Lage, in der verbrannte Hüttenlehme, dann Mahl-

Die zunehmende Nutzung von Quellen und Wasserlöchern ab 3600 v. Chr. steht in Verbindung mit einem erheblichen Wandel in Umwelt, Wirtschaft und Gesellschaft, u. a. den Veränderungen des Wasserhaushalts durch Abholzen ursprünglicher Urwälder.

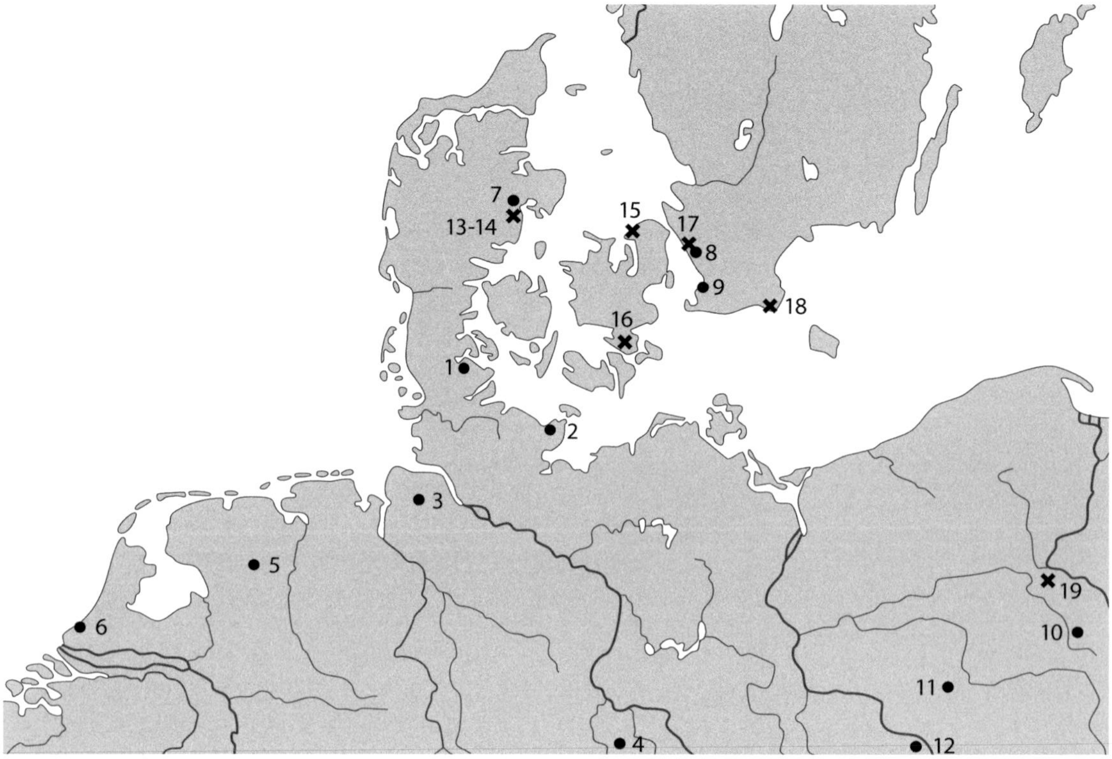

Verbreitung trichterbecherzeitlicher Brunnen und nachweislich genutzer Wasserquellen.

● Brunnen:
1 Tastrup LA 29;
2 Oldenburg-Dannau LA 77;
3 Lavenstedt;
4 Brehna;
5 Emmerhout;
6 Schipluiden;
7 Kildevang I;
8 Saxtorp 23;
9 Almhov;
10 Świątniki;
11 Kokorzyn;
12 Wrocław-Pracze.

× Quellen:
13 Skejby;
14 Aldersro;
15 Hojberg Hegn;
16 Ellerødgård;
17 Saxtorp 26;
18 Röekillorna;
19 Biskupin.

steinbruchstücke und schließlich Trichterbecher niedergelegt wurden. Darüber wurden Süßwasser- und Meeresmuscheln gestreut, die den ehemaligen Brunnen zumindest eine gewisse Zeit als weiß-graue Fläche markierten. Da die Abfolge in Brunnen 2 identisch ist, darf ein bewusst gesteuerter Verfüllprozess angenommen werden, wobei offensichtlich die profane Aufgabe des »Brunnenverfüllens« mit rituellen Handlungen verbunden war. Ein Oberschenkelknochen in der zweiten Verfüllschicht von Brunnen 1 stützt diese Vermutung: Dieser Knochen stammt von der ältesten Bestattung am Ort, die in 200 Jahren Siedlungszeit immer respektiert worden war – abgesehen davon, dass für die Brunnenverfüllung absichtlich eine Sekundärgrube angelegt wurde, um den Oberschenkelknochen zu entnehmen. Daher ist anzunehmen, dass diese »Aktion« in den rituellen Vorgang der Brunnenverfüllung integriert war.

An derartigen rituellen Handlungen zur »Beendung« der Nutzungszeit wird die große Bedeutung der Brunnen für die trichterbecherzeitliche Bevölkerung sichtbar, vor allem in Siedlungen. Während es auf freiem Feld Wasserlöcher gibt, die mit versehentlichen oder rituellen Deponierungen verbunden sind, kennen wir systematisch angelegte Brunnen bisher nur aus Siedlungen. Ein Brunnen mit ca. 1,3 m Durchmesser in der trichterbecherzeitlichen Siedlung Tastrup LA 29 wurde bis auf 2,35 m innerhalb eines Toteislochs eingetieft. Er selbst wurde offensichtlich im 36. Jh. v. Chr. angelegt, die nahen Siedlungsgruben datieren frühestens ab dem 36. Jh. v. Chr. Demnach wurde hier ein ursprünglich vorhandenes Wasserloch zum »Brunnen« umgerüstet, und zwar gleich zu Beginn der eigentlichen Besiedlung. Auch in Lavenstedt konnte, diesmal am Rand der Siedlung etwa 50 m vom Flüsschen Oste entfernt, ein Brunnen freigelegt werden, der jedoch eine andere Konstruktion aufweist. Er ist relativ lange breit gehalten (Dm 2,35 m), um erst in der Tiefe durch eine ca. 80 cm breite, kastenförmige Konstruktion abgeschlossen zu werden. Ein durchgehender, einmaliger Verfüllprozess wie in Oldenburg-Dannau lässt sich nicht feststellen, stattdessen scheint er als kommunaler Brunnen des Orts immer wieder gereinigt und in Stand gehalten worden zu sein. Auch hier zeigen Gefäßreste, dass die Wasserstelle bzw. der Brunnen schon zu Beginn der Besiedlung oder sogar noch früher genutzt wurde. So verweist die typochronologische Datierung der Keramik auf eine Nutzung bereits ab dem 36. Jh. v. Chr., während die Siedlung Lavenstedt erst im 34. Jh. v. Chr. zu ihrer vollen Blüte gelangte. Im Gegensatz zum Fundmaterial aus Oldenburg-Dannau sind verschiedene Keramikeinheiten des Lavenstedter Brunnens nur wenig zerscherbt. Doch ihr Erhaltungszustand und auch eine Bernsteinperle legen ebenfalls eine besondere Bedeutung zumindest bei gewissen Deponierungsabläufen nahe.

Die neuen Ausgrabungen in Norddeutschland passen gut zu dem, was von trichterbecherzeitlichen Brunnen und Wasserlöchern in Südskandinavien oder anderen Gebieten der nordmitteleuropäischen Tiefebene bekannt ist:

- Planvoll gebaute Brunnen sind integraler Bestandteil von Siedlungen und kommen im Gegensatz zu genutzten Wasserlöchern nur im Zusammenhang mit Wohnbauten vor, wie z. B. in den südschwedischen trichterbecherzeitlichen Siedlungen von Saxtorp 23 oder Almhov und im westfriesischen Schipluiden.
- Sie liegen oft am Rand flacher, besiedelter Geestrücken, d. h. am Rand der Siedlungen.
- Während die meisten Brunnen nach offensichtlich nur kurzer Nutzung mit Siedlungsabfall o. Ä. verfüllt wurden, lassen sich insbesondere in Oldenburg-Dannau LA77 rituelle Aspekte erkennen. Gleiches gilt für das schwedische Almhov, wo direkt über dem Brunnen ein Flachgrab angelegt wurde.
- Anzahl und räumliche Verteilung der Brunnen in Oldenburg-Dannau LA 77, Tastrup, Saxtorp 23, Almhov und Schipluiden legen eine kommunale Organisation der Wasserversorgung nahe: Jeweils mehrere Haushalte nutzten entweder einen Brunnen oder ein Areal von Wasserlöchern.

Zusammenfassend wird also deutlich, dass Brunnen einen wichtigen Aspekt der Siedlungen darstellten, sofern sich diese nicht in der Nähe von gut nutzbarem Wasser befanden.

Einhegungen

An drei trichterbecherzeitlichen Siedlungsplätzen wurden Einhegungen festgestellt, wie z. B. in Oldenburg-Dannau LA 77. Entlang des Uferverlaufs der Siedlung fanden sich z.B. auf 10 m ausgegrabener Distanz 95 Holzpfähle, die sich zu wohl mehrfach erneuerten Pfahlsetzungen ergänzen lassen. Sie datieren in die Endphase der Besiedlung zwischen 3100 und 2900 v. Chr. und umgaben das gesamte Dorf. Aus Neukirchen-Bostholm und Hunte 1 am Dümmer sind ähnliche Befunde bekannt. Stets wurden im Randbereich der Siedlungen regelmäßig oder unregelmäßig gesetzte Pfostenreihen eingebracht, die alle aus der späten Trichterbecherkultur stammen, d. h. aus der Zeit zwischen 3100 und 2900 v. Chr. Solche Einhegungen wurden bislang in der Trichterbecherwest- und der südlichen Trichterbechernordgruppe entdeckt, nicht jedoch in übrigen Gebieten Skandinaviens. Auch in den Niederlanden sind vergleichbare Anlagen nur aus Schipluiden (Hazendonk 3) bekannt, deren Doppelpfostenreihen zwischen 3500 und 3380 v. Chr. datieren.

Aus der nachlinearbandkeramischen Zeit Mitteleuropas sind entsprechende Einhegungen etwa im mittelneolithischen Wahlitz (Lkr. Jerichower Land) oder in Schöningen (Lkr. Helmstedt) dokumentiert. Bemerkenswert ist auch Ditzingen-Stütze (Lkr. Ludwigsburg), wo kleine Grubenhäuser bis zum Ende des Mittelneolithikums (ca. 4300 v. Chr.) bewohnt und eingehegt waren. Während bei den erwähnten Beispielen

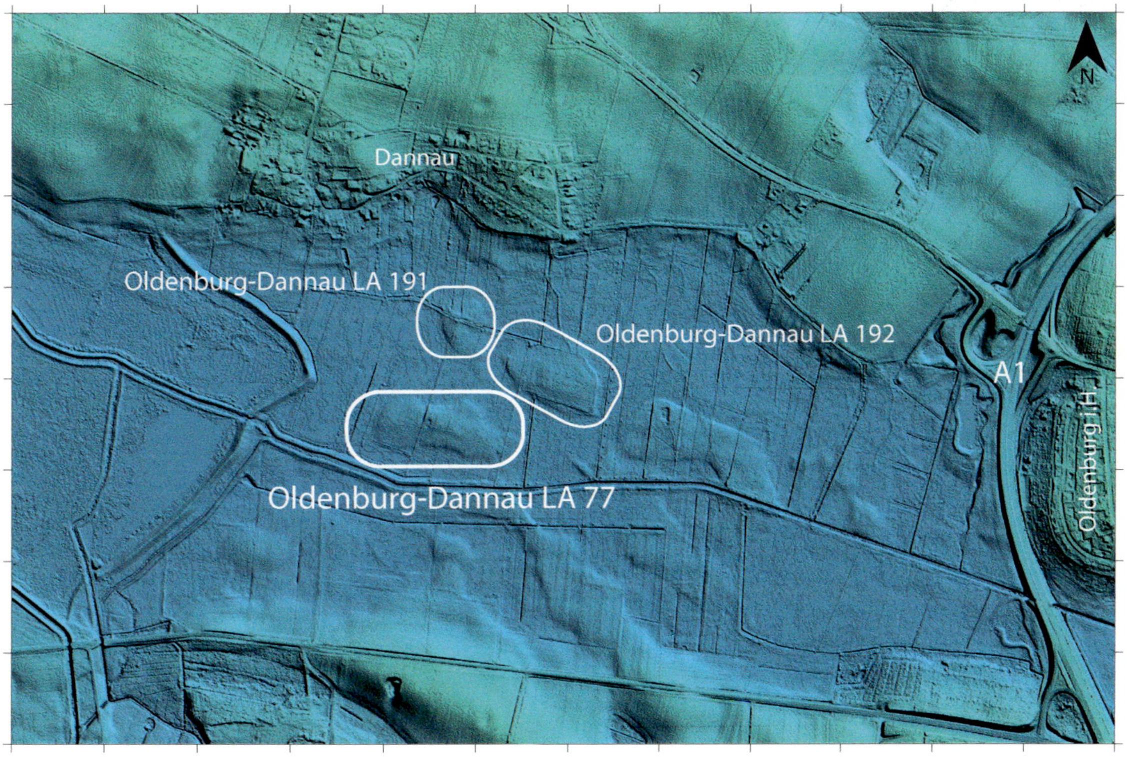

Trichterbecherzeitliche Siedlungen in Insellagen von ehemaligen Förden der Ostseeküste sind oft mit Palisadenzäunen eingehegt, wie in Oldenburg-Dannau LA 77.

Keine Kulthäuser in Norddeutschland

Aus der nördlichen Mittelgebirgszone und dem Mittelelbe-Saale-Gebiet kennen wir seit Langem so genannte Totenhäuser oder Totenhütten, die aufgrund der menschlichen Bestattungen, zumeist kollektiv, als sakrale Kammergräber bezeichnet werden. Gibt es entsprechende Anlagen auch in der Trichterbecherkultur?

Ein solcher Befund zeigt sich z. B. im havelländischen Buchow-Karpzow, wo eine dachartige Holzkonstruktion niedergebrannt und dementsprechend der Begriff »Totenhütte« geprägt wurde. Die zentrale Position der Totenhütte wurde über zahlreiche Gruben in der Umgebung dokumentiert, in denen neben Hinweisen auf sepulkrale Opferhandlungen u. a. Knochenreste von über 20 Rindern aufgedeckt wurden. Ein anderes Beispiel ist Obernjesa 18 (Lkr. Göttingen), wo sich ein trapezförmiges Gebäude (6 m lang, bis zu 3,9 m breit) mit Antenbau aufgrund menschlicher Knochenfunde ebenfalls als Totenhütte, diesmal mit Flachdach, rekonstruieren lässt. Im Gegensatz zu diesen Totenhütten, die wegen ihres offenen Zugangs Hüttencharakter aufweisen, kann man bei den mitteldeutschen Holz- und Mauerkammergräbern von reinen Bestattungsplätzen ausgehen; nördlichste Beispiele stammen aus Remlingen 6 (Lkr. Wolfenbüttel) und Wernigerode (Lkr. Harz).

Mit ähnlichem Bewertungsspielraum diskutiert man bereits seit Beginn der Forschungen »Totenhäuser« oder »Kulthäuser« insbesondere der nördlichen Trichterbecherkultur. So werden in Skandinavien »potenzielle Gebäude, die mit Bestattungen zusammenhängen sollen, als Totenhäuser interpretiert« (Moritz Mennenga). Dies sind zumeist parallele oder rundliche Gräber, teils mit Pfostengruben, für die sich Holzaufbauten rekonstruieren lassen. Im Rahmen kultischer Handlungen werden diese entfernt und schließlich mit Steinen abgedeckt.

Neben diesen »skandinavischen« Totenhütten kennen wir aus Nordjütland elf »Kulthäuser« mit eingetieften Wandgräbchen, außen aufgestellten Holzplanken und größeren Steinen, die von außen die Konstruktion fixieren. Ihre Größe schwankt zwischen 1,7 m × 1,5 m bis 9 m × 6 m. Meist wurden die Häuser abgebrannt; das von zwei Pfosten getragene Dach war ursprünglich mit Gras- oder Heidesoden und Rinde gedeckt. Die rechteckigen Bauten waren tendenziell nord-südlich orientiert und häufig Richtung Süden an einer Seite offen. In ihnen wurden zahlreiche sehr aufwendig verzierte Gefäße abgestellt: Die Votivkeramik (bis zu 35 Gefäße) besteht aus Löffeln, Schalen, Schultergefäßen und Fußschalen, den »Fruchtschalen«, die an der geschlossenen Giebelwand deponiert wurden. Andere, nichtkeramische Objekte fehlen, ebenso Feuerstellen. Nach Brand oder Abriss wurden die »Kulthäuser« eingeebnet und mit einer Steinpackung versiegelt. Bau, Verwendung und Zerstörung gehören offenbar zum Dreiklang der rituellen Handlungen. Die Verbreitung dieser nach einem dänischen Fundplatz als »Kulthäuser« vom Typ Tustrup bezeichneten Gebäude beschränkt sich bisher auf Nordjütland.

Auch in Norddeutschland wurden verschiedene Anlagen als »Kulthäuser« gedeutet. Zumeist handelt es sich um auffällige größere Gruben mit Brandspuren oder Brandlehmen, Fundansammlungen bei Megalithgräbern oder kleinere Hütten, die äußerlich den skandinavischen »Kulthäusern« gleichen.

Wie ausgeführt, sind für die skandinavischen »Kulthäuser« spezifische Votivgaben definierend: Weder typische Grabbeigaben noch Reste handwerklicher Aktivitäten sind entscheidend, stattdessen die Deponierung äußert aufwendig dekorierter Keramik, insbesondere von Fruchtschalen und Löffeln. In Norddeutschland ist dies nirgendwo der Fall. Als Beispiel sei Flögeln-Eekhöltjen 5700 angeführt. Trotz vergleichbarer Hüttenkonstruktion aus Wandgräbchen und Pfosten sowie Steinlagen zur Stützung von Planken ist das Haus nicht mit skandinavischen »Kulthäusern« vergleichbar: Weder die eingetiefte Grube noch die übrige Bodenbefestigung oder die fehlenden Spuren eines Niederbrennens entsprechen dem rituellen Muster eines »Kulthauses«. Stattdessen verweisen die unterschiedlichen Brandstadien der Keramik und die Feuerstelle eher auf eine profane Funktion, möglicherweise einen Keramikbrennofen.

Somit müssen wir beim derzeitigen Kenntnisstand davon ausgehen, dass »Kulthäuser« vom Typ Tustrup in Norddeutschland nicht vorkamen und eher eine jütische Erscheinung darstellen.

Lange wurden Befunde wie eine quadratische Struktur mit Feuerplatz als Kulthaus interpretiert. Moritz Mennenga konnte zeigen, dass es sich eher um einen Keramikwerkplatz handelt.

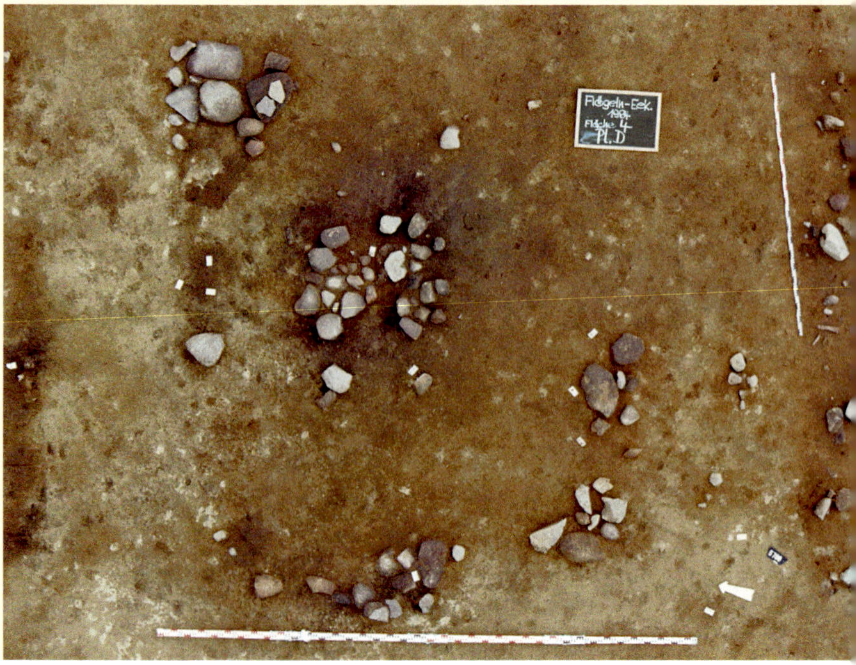

Pfahlreihen aus der Zeit um 3000 v. Chr. bilden den letzten Rest der ursprünglichen Zaunpalisade in Oldenburg-Dannau LA 77.

eine Unterscheidung zwischen Palisade und Zaun aufgrund des Mineralbodens kaum möglich ist und daher oft von »Palisadenzäunen« gesprochen wird, lassen sich Zäune in Feuchtbodensiedlungen eindeutig feststellen, wie erstmals um 4300 v. Chr. in Egolzwil 3 im Wauwiler Moos (Kanton Luzern) errichtet oder in Lüscherz-Fluhstation am Bieler See (Kanton Bern). Die ersten Umzäunungen im Bereich Bodensee/Oberschwaben stammen wie in Hörnle 2 oder Riedschachen 2 hingegen erst aus dem 39. Jh. v. Chr. Im bayerischen Pestenacker findet sich eine Siedlung mit Palisadenumzäunung aus der Zeit um 3500 v. Chr., entsprechende Einhegungen lassen sich dann in den nachfolgenden Jahrhunderten immer wieder feststellen, z. B. in Sutz-Lattringen BE, Neue Station Bieler See (33.–32. Jh. v. Chr.), in Hornstaad-Hörnle 5 (um 3176 v. Chr.) oder Sipplingen (2917–2855 v. Chr.). Insbesondere Hörnle 5 am Bodensee mit seiner seeseitig nachgewiesenen Zaunpalisade und den Untiefen zur Landseite erinnert topografisch an die drei Inselsiedlungen, die wir aus dem norddeutschen Raum kennen.

Die wenigen Beispiele zeigen, dass auch im mitteleuropäischen Neolithikum mit umzäunten, also eingehegten Siedlungen zu rechnen ist. Oldenburg-Dannau, Bostholm und Hunte 1 belegen diesen Siedlungstyp auch für die Trichterbecherwest- und -nordgruppe. Somit nähern wir uns nun grundsätzlich dem Aspekt der Begrenzung von Siedlungsarealen, also auch der Definition von Einzelhöfen, Weilern und Dörfern.

Die Einhegung des Dorfes Oldenburg-Dannau LA 77 um 3000 v. Chr. Auch bei den Siedlungen Neukirchen-Bostholm, Hunte 1 am Dümmer und Schipluiden (Niederlande, nördlich Rheinmündung) sind solche Einhegungen ausgegraben worden. Sie dienen der profanen und rituellen Begrenzung des Siedlungsareals.

Höfe und Dörfer

Norddeutschland neu gedacht

Aktivitätszonen, Höfe, Weiler und Dörfer

Noch vor Kurzem vermuteten die meisten Archäologen in den Trichterbechergesellschaften Norddeutschlands und Skandinaviens primär Einzelhöfe und Weiler, jedoch kaum Dörfer. Dabei waren es vor allem kleinere Rettungsgrabungen und Interpretationen von Oberflächenfunden, die diese Vorstellung erzeugt hatten. Inzwischen konnten zahlreiche Untersuchungen und gezielte Forschungsprojekte das Bild der Siedlungstätigkeit und -entwicklung verfeinern und die vielfältigen Formen räumlicher Organisation nachvollziehen.

Betrachten wir die Trichterbecherwestgruppe oder die Gruppe der Altmärkischen Tiefstichkeramik im altmärkischen und lüneburgischen Raum, so scheint sich hier die ursprüngliche Annahme zu bestätigen. Bisher sind die erwähnten Häuser von Rullstorf und Wittenwater aus der Zeit ab 3700 v. Chr. nachgewiesen, die als Einzelgehöfte aufzufassen sind oder höchstens in Distanz zu noch unentdeckten anderen Höfen stehen. Die Fundverteilungen deuten auf ein breiteres Feld von Aktivitäten im Umfeld des jeweiligen Gebäudes hin.

In Rullstorf konnte in gewissem Abstand zur Südwestwand außerhalb des Langhauses eine große Menge Keramik identifiziert werden, die möglicherweise mit Keramikproduktion in Verbindung steht. Ebenso fand sich eine Grube im Inneren des Gebäudes mit Resten einer vierhenkeligen Amphore. Flintanhäufungen mit Kratzern und Schabern – westlich an das Haus anschließend, in der Südostecke des Gebäudes sowie östlich vorgelagert – verweisen auf drei Aktivitätszonen. Geschliffene Abschläge konzentrieren sich dabei im oder östlich des Hauses, was auf die Nachschäftung von Beilen hinweist. Entsprechend lässt sich hier eine Hofstätte innerhalb der 7 ha großen neolithischen Siedlungshinterlassenschaften mit zumindest einem dokumentierten Kleinbau fassen. Auch in Wittenwater verweist eine mächtige Kulturschicht auf großflächigere Aktivitäten um das entdeckte Haus.

Solche Einzelhöfe sind ebenfalls aus dem südschwedischen, aber auch dem dänischen Gebiet bekannt, sodass man grundsätzlich eine Verbreitung dieser Strukturen zwischen der Altmark und Falbygden annehmen darf. Insbesondere bei südschwedischen Grabungen wurden flächig derartige Höfe frei-

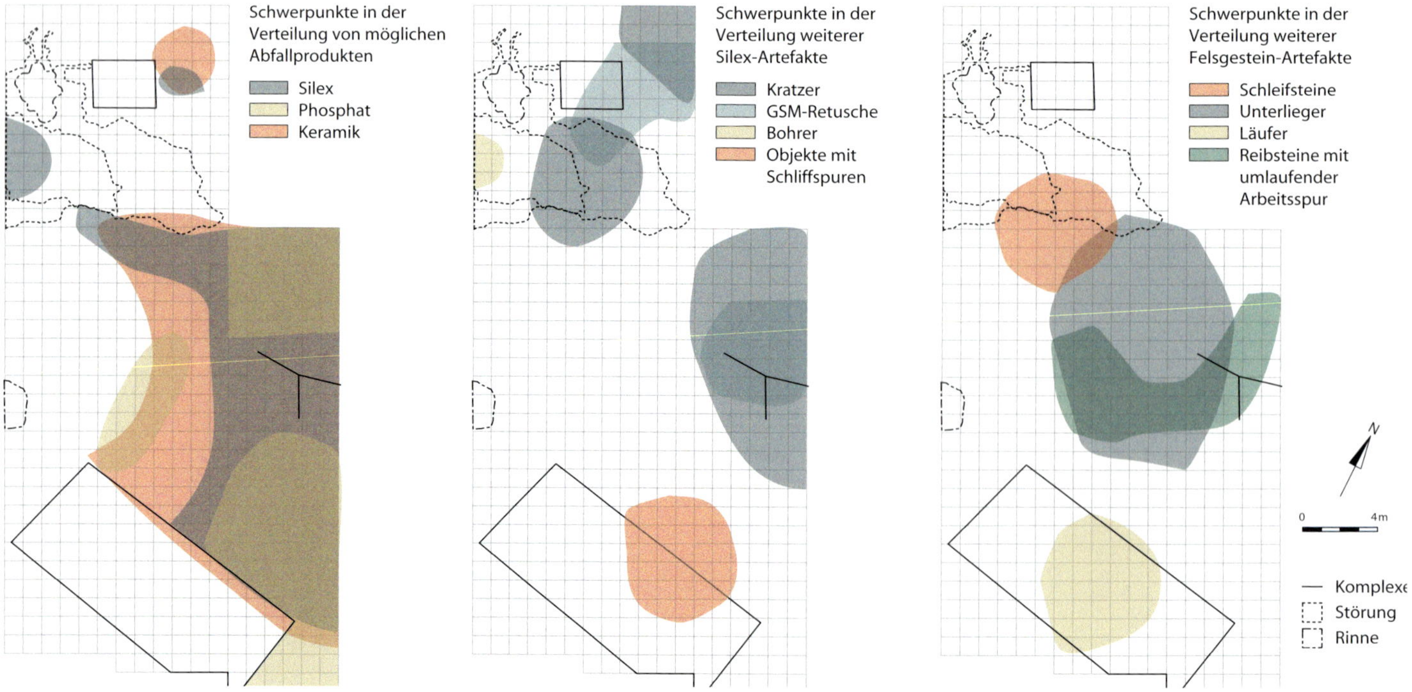

Die räumliche Verteilung unterschiedlicher Artefaktkategorien in Siedlungen hilft, Aktivitäts- und Depositionsareale in, vor und um Häuser zu identifizieren. Hier das Beispiel Lavenstedt, 3100 v. Chr.

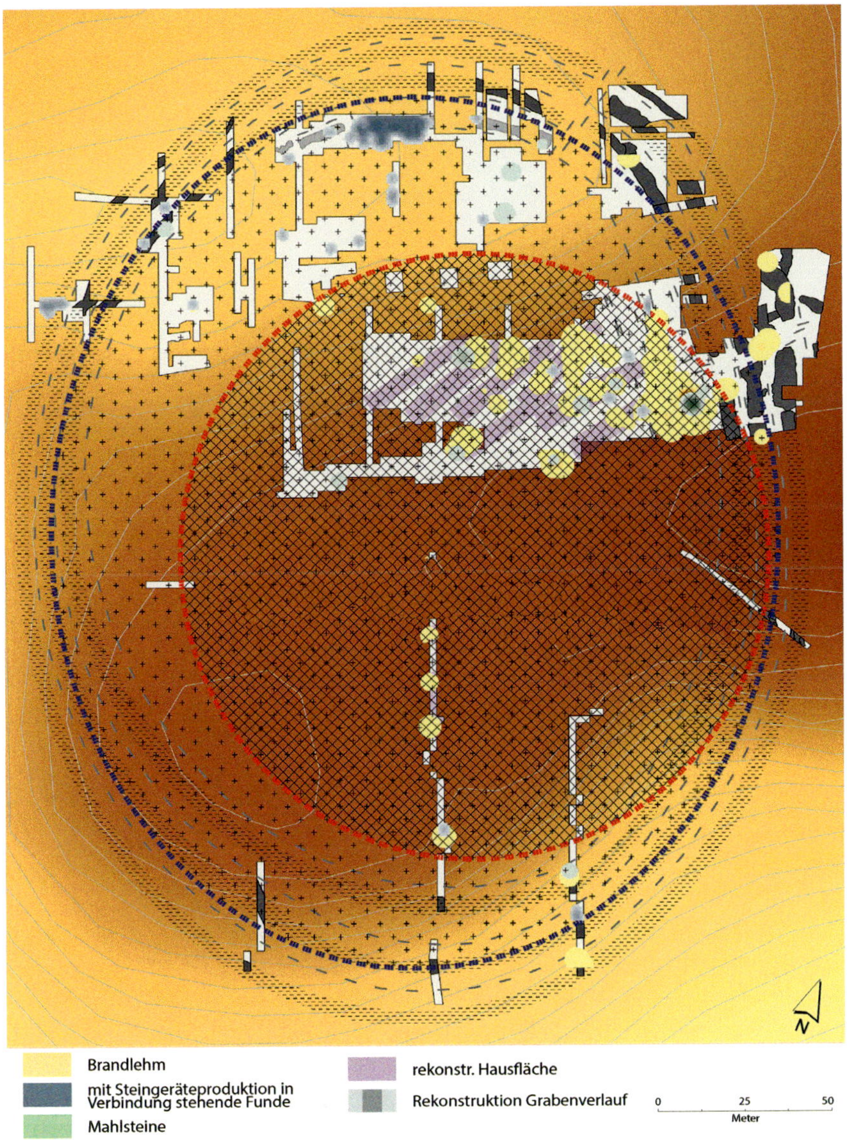

Büdelsdorf um 3300 v. Chr. Neben der ca. 2,6 ha großen Kernsiedelfläche mit etwa 50 Häusern und bis zu 400 Einwohnern umfasst das Dorf mit Werkplätzen außerhalb des Wohnbereichs rund 4,2 ha.

gelegt, die in Zusammenhang mit Flachgräbern, Deponierungsplätzen, Abfall- und Freiflächen vorkommen. Während Häuser vom Typ Mossby in Südskandinavien allerdings eine primär frühneolithische Erscheinung sind, stehen sie in Norddeutschland, wie oben gezeigt, in einer längeren neolithischen Bautradition.

Eine klassische Fundsituation um einen solchen Einzelhof bietet das Rechteckhaus vom Typ Dagstorp im ostholsteinischen Rastorf (s. S. 23). Auch hier zeigt sich, ähnlich wie in Südschweden, eine Verteilung der Fundschicht außerhalb des Gebäudes. Im durch den Grabhügel geschützten Areal gibt es zwar auch eine Konzentration von Abschlägen mit Schliffspuren und einfachen Abschlägen in der östlichen Hausecke, doch drei Konzentrationen mit einfachen Abschlägen befinden sich außerhalb des Gebäudes. Offensichtlich handelt es sich um verschiedene Arbeitsplätze: Der Nachschliff von Beilen erfolgte innerhalb des Hauses, die grundsätzliche Geräteherstellung inner- und außerhalb. Darüber hinaus stieß man auf zwei Feuerstellen im Freien, auf der Gebäudemittelachse in 1,5 m bis 4 m Abstand, ebenso auf ein Erdgrubengrab. Anschließend Richtung Osten lag ein ca. 5 m × 15 m großes Feld mit Pflugspuren und zahlreichen Artefakten, die möglicherweise auf eine Düngung mit Abfall hinweisen könnten. Auch eine weitere Grube diente als eine Art Müllbeseitigung. Damit lässt sich beim Haus von Rastorf ein breit gefächertes Spektrum von Aktivitäten fassen – Ackerbau, Geräteherstellung, Müllentsorgung –, die zur Bildung einer hausnahen »Siedlungs-« oder »Kulturschicht« geführt haben.

Auch in Lavenstedt konnten anhand der Fundverteilungen von Artefakten auf einem ca. 800 m² großen Areal in Haus 1 bzw. in der nördlich anschließenden Grabungsfläche sechs Werkplätze mit Inner- und Außerhausaktivitäten vom Ausgräber Moritz Mennenga festgestellt werden:

- Eine Entsorgung von zerstörten Gefäßen und Produktionsabfällen erfolgt nördlich des Hauses im Umfeld von mindestens 20 m.
- Inner- oder Am-Haus-Aktivitäten wie das Nachschäften von Beilen können analog zu Rastorf im Gebäude verortet werden.
- Arbeiten mit Kratzern (z. B. Fellbearbeitung) oder Artefakte mit Gebrauchsretusche fanden an drei Werkplätzen außerhalb statt; zwei weitere Werkplätze sind über eine Konzentration von Schleifsteinen bzw. Mahlsteinunterliegern belegt. Ungeklärt bleibt, warum dagegen Mahlläufer primär im Inneren vorliegen.

Im Gegensatz zu Rullstorf, Rastorf und Lavenstedt, wo sich die Rekonstruktion der Aktivitätszonen primär auf Einzelhäuser bezieht, liegen aus Oldenburg-Dannau Fundverteilungsanalysen für Artefakte vor, die mehrere Häuser und Hütten betreffen. Dabei sind in den Untersuchungen durch Jan Piet Brozio verschiedene Muster erkennbar:

- Die Nahrungsmittelproduktion erfolgte eher im Zentrum, die Deponierung der Nahrungsmittelabfälle hauptsächlich am Rand der Siedlung.
- Keramik- und Silexprodukte finden sich sowohl inner- als auch außerhalb der Häuser, größere Bruchstücke primär in Abfallgruben, Brunnen oder der Uferzone. Ein gezieltes Abfallverhalten wird erkennbar. Auch die Verteilung der Mahl- und Schleifsteine weist auf ein gemeinsames Abfallverhalten hin, wobei die Entsorgung vor allem in der Uferzone erfolgte.
- Ein zentraler Werkplatz der gesamten Siedlung mit vermehrten Abschlägen lässt sich in Hütte 2 veror-

Der Oldenburger Graben in Ostholstein um 3000 v. Chr. Dörfer, Weiler und Einzelhöfe prägen eine dicht besiedelte Landschaft.

ten, ein entsprechender Werkplatz innerhalb eines Gebäudes im extra eingetieften Bodenareal von Haus 1. Darüber hinaus zeigt sich in Hütte 2 eine Konzentration an Kratzern (zur Fellbearbeitung), in Haus 1 eine von Klopfsteinen.

- Die mehr oder weniger gleiche Verteilung von Silex-Grundformen auf alle Hausbereiche macht eine dezentralisierte Silexproduktion wahrscheinlich.

Zusammenfassend können wir also für Oldenburg-Dannau eine zentralisierte Regelung der Abfallwirtschaft mit normierter Deponierung an den Siedlungsrändern und in Gruben sowie eine dezentralisierte Produktion z. B. von Silexartefakten annehmen. Bestimmte Werkbereiche dominieren, etwa in Haus 2 und Hütte 2 Klopfer- bzw. Kratzerkonzentrationen.

In der großflächig ausgegrabenen Fundstelle Büdelsdorf ließ sich ein zentraler Wohnbereich von ca. 2,6 ha sowie eine periphere Aktivitätszone von nochmals 1,4 ha identifizieren; Letztere erstreckt sich kreisförmig um den zentralen Siedlungsbereich. Während sich im Kernsiedelbereich Hinweise für Keramikproduktion, Mahlsteinunterleger und -läufer zur Getreideverarbeitung, geschliffene Artefakte und solche zum Nachschleifen von Beilen häufen, ist die periphere Zone durch Silexschlagplätze gekennzeichnet. Damit entspricht Büdelsdorf einem gut organisierten Dorf mit räumlicher Arbeitsteilung und einzelnen Aktivitätszonen.

So wird in Büdelsdorf und Oldenburg-Dannau, aber sicherlich auch in Hunte 1 am Dümmer eine neue Organisation des Zusammenlebens erkennbar: Statt Einzelhöfen und Weilern gab es Dörfer mit unterschiedlichen Aktivitätsbereichen.

Vom Einzelhof zum Dorf

Insgesamt lässt sich also folgende Entwicklung des norddeutschen Siedlungswesens feststellen:

- Spätestens ab 3800 v. Chr. gibt es raumgeteilte Langhäuser mit Flechtwandwänden, in denen Werk- und Wohnräume untergebracht sind. Sie umfassen zumeist Haus- bzw. Hofareale mit Inner- und Außerhausaktivitäten, z. B. Werkplätze für Silexschläger oder für die Fellbearbeitung draußen und Beilnachbearbeitung innen. Zusätzlich sind Funktionsgebäude wie Speicherbauten angeschlossen, sodass sich das Bild eines Einzelhofplatzes oder eines kleinen Weilers ergibt. Darüber hinaus finden sich Hütten bzw. Grubenbehausungen an anderen Orten in der Landschaft, die ebenfalls zur Ausübung handwerklicher Tätigkeiten oder als Jagdstationen aufgesucht wurden. Bei den Langhäusern überwiegen solche mit leicht konvexen Seitenwänden und gerundeten Stirnseiten vom Typ Mossby/Wittenwater bzw. Büdelsdorf.
- Neben den frühen Langhäusern mit doppel- oder einfachapsidalen Stirnseiten (Typ Mossby) existie-

Eng verbunden mit dem profanen Leben sind rituelle Aspekte. Manchmal lassen sich extreme Veränderungen an einem Ort feststellen. Franziska Hage konnte für Büdelsdorf nachweisen, dass eine rein rituelle Grabenwerksstelle (ab 3750 v. Chr.; oben) zunächst in eine Siedlung (ab 3350 v. Chr.) und schließlich wieder zu einer Grabenwerksstelle (ab 3350 v. Chr.) »mutierte«. Ähnliches beobachtete Niels Andersen im dänischen Sarup.

ren ab 3400 v. Chr. neue Hausformen wie Rechteckhäuser vom Typ Dagstorp mit geraden Wänden (ab 3650 v. Chr.) und Gebäude des Typs Flögeln ab 3400 v. Chr. Bei dem Typ Flögeln mit Wandgräbchen und Plankenbauten ist eine klare Innengliederung erkennbar, die neben Wohn- und Werkbereichen auch einen kleinen Raum zur rituellen oder sakralen Nutzung umfasste. Sieben solcher Hausformen »Neuen Typs« sind aus der Trichterbecherwestgruppe bekannt. Sie wurden bis etwa 3200 v. Chr. errichtet.

- Zwischen 3320 und 2750 v. Chr. lassen sich Ansammlungen mehrerer Gebäude mit gemeinschaftlich verrichteten Bautätigkeiten nachweisen, also Dörfer. Das älteste untersuchte Dorf ist Büdelsdorf mit ursprünglich um die 50 Häusern (ca. 400 Einwohner), dessen ackerbauliche Aktivitäten bereits zur Auslaugung der Umgebungsböden führten. Auch in Oldenburg-Dannau ist mit bis zu 16 gleichzeitigen Gebäuden und weiteren Hütten zu rechnen, sodass hier wohl 120 bis 160 Menschen gelebt haben.

Daneben finden sich weiterhin Einzelhöfe und kleine Weiler, die dann spätestens ab 2800 v. Chr. wieder zu dominieren scheinen.
Die trichterbecherzeitliche Siedlungsentwicklung ist also nicht nur verbunden mit der Entstehung von Einzelhöfen in der Landschaft, sondern auch mit der Einführung von Dorfstrukturen in Norddeutschland. Es handelte sich hier um Inselsiedlungen, die durch Zaunpalisaden von der Umgebung abgegrenzt waren und über gemeinsame Brunnenanlagen für eine verlässliche Wasserversorgung verfügten.

Monumente als Erinnerungsdenkmäler

Auch auf Siedlungsplätzen belegen moderne Untersuchungen die enge Verknüpfung von Leben und Tod, von profanen und rituellen Handlungen. Hausbegräbnisse wie in Flögeln oder Pennigbüttel wurden bereits erwähnt, ebenso der Zusammenhang zwischen Gräbern unweit der Häuser und den Häusern selbst. Zudem zeigte sich immer an umfangreicher untersuchten Plätzen, dass neben trichterbecherzeitlichen Häusern zugleich Flachgräber lagen. Waren so die Siedlungsplätze selbst schon eingebunden in die zahlreichen Übergangsriten, die in den animistischen Religionen, in einer mit Geistern und Ahnen belebten Welt existierten, so wollen wir an zwei Beispielen die Verquickung im Wandel der Zeit darstellen – einmal an einer Einzelhofsiedlung, einmal an einem Weiler.

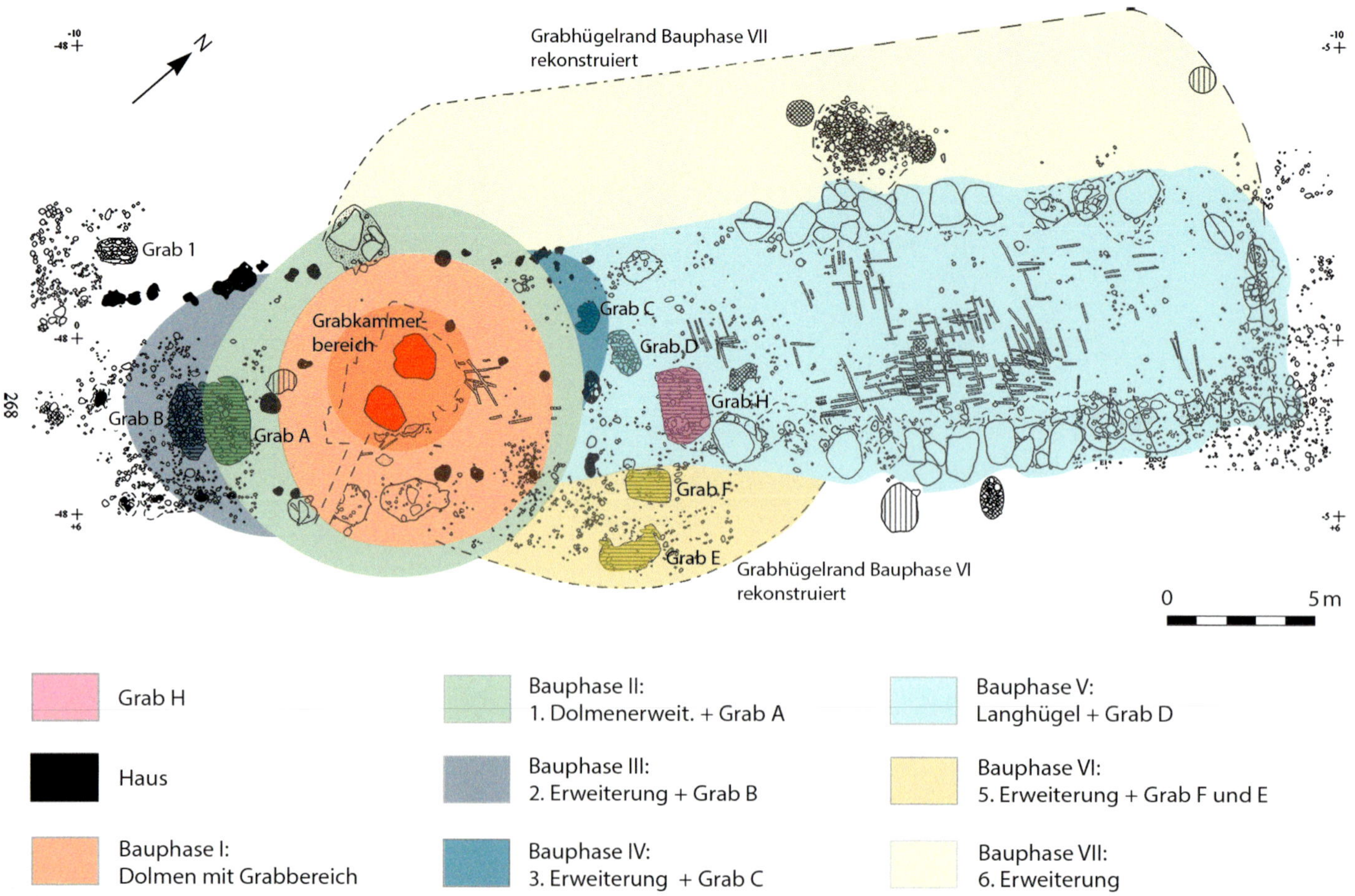

Rastorf LA 6a in Ostholstein: Der im 37. Jh. errichtete Einzelhof (s. S. 22) wird nach drei Generationen in ein Erinnerungsmal mit Begräbnisplatz umgewandelt (Dolmen). Die Bedeutung des Ortes kommt in den weiteren Grablegungen und Hügelerweiterungen im Mittelneolithikum zum Ausdruck.

Pflugspuren, Haus, Grab H, Abfallgrube und verschiedenen Feuerstellen am bereits beschriebenen Fundplatz Rastorf LA 6a stehen in Zusammenhang mit einer Besiedlung um 3500 v. Chr. Das Haus wurde schließlich aufgegeben und in dessen Zentrum zeitnah ein zweijochiger Dolmen mit Rundhügel errichtet: Die Grabkammer mit ihrer Lehmummantelung war senkrecht zur Längsachse des Gebäudes angeordnet. Noch während die Ruine sichtbar war, wurde das Haus an der Längsachse gespiegelt und in nordnordöstlicher Richtung ein Langhügel mit Steineinfassung angelegt, der die gleiche Breite aufwies wie das ursprüngliche Gebäude. Dieser Langhügel wurde kurz nach der letzten Nutzung einer ebenfalls in der Verlängerung der Firstachse gelegenen Feuerstelle errichtet. Vermutlich war Bohlengrab H noch kurz vor der Erbauung des Hauses angelegt und der Platz höchstens drei Generationen lang profan genutzt worden. Der Dolmen, der relativ schnell u. a. mit Grab D zum Langhügel erweitert wurde, beendete dann die Nutzung. Tatsächlich nahmen die Gräber C und D bzw. E und F wohl Bezug auf das älteste Grab H. Zusammenfassend hat sich also der ursprüngliche Hausplatz im Zuge seiner Monumentalisierung zum Erinnerungsdenkmal gewandelt.

Auch in Oldenburg-Dannau (s. S. 35) zeigt sich eine enge Beziehung zwischen Diesseits und Jenseits. Auf der von Brackwasser umgebenen Insel wurde erstmals um 3300 v. Chr. ein Erdgrubengrab für eine 40- bis 50-jährige Frau angelegt, die als Gründerin des Dorfs gedeutet wird. Anschließend wurden Häuser, Hütten und Gruben errichtet, wobei das Grab immer respektiert wurde. Eine oberflächliche Markierung ist daher wahrscheinlich. Dies ändert sich erst um 3080 v. Chr., als offensichtlich erhebliche Veränderungen im Dorf stattfanden. Der jüngste Brunnen wurde in einem detailliert geplanten Ritual verfüllt, wobei zunächst wertvolle Nahrungsmittel wie Äpfel und Getreide verbrannt und geopfert wurden, dann Mahlsteine aus verschiedenen Häusern zusammengetragen und deponiert wurden und schließlich auch einer der Oberschenkelknochen der Dorfgründerin in den nun zum Opferschacht umfunktionierten Brunnen gelangte. Dazu wurde gezielt im Bereich des Oberschenkelknochens an der Bestattung eine Grube gegraben. Den Abschluss bildeten Trichterbecher und schließlich weiße Muscheln, die den ehemaligen Brunnen als Gedenkstätte im Dorf oberflächlich kennzeichneten. Die Besiedlung des Dorfs ging danach weiter, doch spätestens nach einer Generation gab es erneute Veränderungen: Statt in Siedlungsbestattungen oder in nahen Megalithgräbern wurden die Toten an der Übergangszone zwischen Wasser und Land am Ufer zusammen mit anderen Abfällen beigesetzt. Hier scheint sich ein erheblicher Wandel im Umgang mit dem Tod vollzogen zu haben, der schließlich um 2900 v. Chr. zur Aufgabe der Siedlung führte.

Disartikulierte menschliche Knochen sind auch von anderen Trichterbechersiedlungen wie Bad Oldesloe-Wolkenwehe und Hunte 1 bekannt. In Letzterer lagen die menschlichen Überreste vor allem im ehemaligen Gewässer, ebenfalls am Ufer. Eine »Schädelmaske« lässt erneut erkennen, wie eng Leben und Tod verwoben waren.

Grundlage aller Aktivitäten am Siedlungsplatz und auch für die Errichtung von Monumenten stellt allerdings die wirtschaftliche Produktivität der Trichterbechergemeinschaften dar. Auch wenn die profane und sakrale Welt in der Jungsteinzeit untrennbar verbunden waren, sprechen neue Erkenntnisse zur Wirtschaftsweise für eine stark differenzierte Gesellschaft.

Siedlungen und Umwelt stehen in einer engen Beziehung zueinander. Neben den archäologischen Untersuchungen sind es insbesondere paläoökologische Archive, die Informationen zu Wirtschaftsweise und Umwelt bieten. Im Bild wird über ein Floß eine Bohrung am Pogsensee in Ostholstein durch das Team von Walter Dörfler durchgeführt, um jahresgeschichtete Seesedimente mit Informationen zum menschlichen Einfluss naher Siedlungen zu erhalten.

Wirtschaftsweise und Wirtschaftsorganisation

Von Tieren, Pflanzen und Pflügen

Während der langen Trichterbecherphase in Nordmitteleuropa zwischen ca. 4100 und 2800 v. Chr. lassen sich ab 3800 v. Chr. nichtmegalithische, ab 3650 v. Chr. megalithische Monumente beobachten. In dieser Zeit wandelte sich sowohl die regionale Umwelt als auch das globale Klima erheblich. Auf diese kurzen, mittleren und langfristigen Klimaveränderungen reagierten die Gemeinschaften manchmal unbewusst oder bewusst mit einer Veränderung ihrer alltäglichen Wirtschaftsweise. Viele einschneidende Neuerungen geschahen allerdings auch unabhängig von äußeren Bedingungen. Dieses in verschiedenen Regionen oft unterschiedliche Zusammenspiel von Aktionen und Reaktionen gilt es zu erklären. Zahlreiche Errungenschaften wie neue domestizierte Tier- oder kultivierte Pflanzenarten, ein neues Waldmanagement bzw. agrarische Techniken bedeuten zugleich auch eine veränderte Organisation der Wirtschaftsweise. Umso spannender ist jedoch die Frage, ob es insbesondere Veränderungen im sozialen Bereich waren, die hier zum Tragen kamen.

Diese Entwicklungen der nordmitteleuropäischen Trichterbechergesellschaften vollzogen sich in einer Zeit, als die sesshaften, spätmesolithischen Gruppen der späten Ertebølle-Gemeinschaften bereits eine optimale Ausbeutung der lokalen Ressourcen erreicht hatten.

Mesolithische Wirtschafts- und Lebensweise

Die vorherrschende Ertebølle-Ökonomie, zumindest was die Küstensiedlungen betrifft, lässt sich gut am von Sönke Hartz ausgegrabenen und von Aikatarina Glykou neu vorgelegten Fundplatz Neustadt LA156 (4400–3800 v. Chr.) beschreiben. Dieser ostholsteinische Wohnplatz lag auf einer Halbinsel in der Lübecker Bucht, unweit von Eichenmischwäldern und direkt am Wasser. Entsprechend konnten die Bewohner von den ausgezeichneten Bedingungen für Fischfang profitieren und ein breites Spektrum an aquatischen und terrestrischen Ressourcen nutzen. Über einen kleinen Binnenfluss in unmittelbarer Nähe war das Binnenland schnell mit Einbäumen zu erreichen, wo Pflanzen gesammelt, Tiere gejagt und Rohstoffe wie Rothirschabwurfstangen oder Holz einfach genutzt werden konnten. Auch Ton und Granit für die Keramikproduktion oder Flint für die Geräteherstellung waren verfügbar. Tatsächlich ist »die(se) Lage auf einem halbinselartigen Sporn in der Neustädter Bucht typisch für späte mesolithische Siedlungen in Südskandinavien, die sich schwerpunktmäßig an den Küsten oder an Süßwassersystemen konzentrieren«, wie A. Glykou betont.

In Neustadt ließ sich anhand jeweils nur zu einer bestimmten Jahreszeit möglicher Aktivitäten eine ganzjährige Besiedlung des Wohnplatzes nachweisen: Jungtiere der Sattelrobbe wurden im Frühjahr gejagt, Wildscheine im Frühjahr und Sommer, Rehe im Herbst und Winter sowie Rothirsche im Winter genauso wie einjährige Robben. Im Frühjahr wurden Hornhecht, Forellen und Heringe gefischt, im Winter Dorsch und Scholle. Ebenfalls im Herbst und Winter erbeuteten die Bewohner durchziehende oder überwinternde Vögel, im Winter jagten sie Pelztiere wie Fuchs, Wolf, Iltis, Dachs, Baummarder, Fischotter, Luchs und Wildkatze. Darüber hinaus wurden wohl ganzjährig Auerochsen und Schweinswale erlegt. Sammeltätigkeiten im Herbst sind durch zahlreiche Haselnussreste dokumentiert.

In Neustadt ist die Nutzung etwa zwischen 4400 und 3800 v. Chr. zu belegen, wobei ab ca. 4100 v. Chr. Trichterbecher das Keramikinventar kennzeichnen und Haustiere das Fundspektrum ergänzen. Die Mehrzahl der Aktivitäten dürfte sich auf Frühjahr und Herbst konzentriert haben. Ob der Platz dabei tatsächlich ganzjährig besiedelt war oder lediglich immer wieder aufgesucht wurde, wird zurzeit wieder wie für alle spätertebøllezeitlichen Küstenfundplätze diskutiert.

Eines der Modelle legt ganzjährig bewohnte größere Basisplätze zugrunde, in denen Menschengruppen siedeln, sowie saisonale Jagdstationen, die zur Ausbeutung bestimmter Ressourcen von den Basislagern aus aufgesucht werden. Während diese Großsiedlungen wie Roskilde Fjord oder Bjørnsholm Fjord mit bis zu 1,7 ha dort angelegt sind, wo zahlreiche ökologische Ressourcen zur Verfügung stehen, befinden sich die kleineren von unter 0,5 ha dort, wo nur einzelne Rohstoffe erschließbar sind. Auch wurden die größeren Wohnplätze wesentlich länger, teils mehr als 1000 Jahre, immer wieder aufgesucht, wohingegen die kleineren kürzere Belegungszeiträume aufweisen.

Ein alternatives Siedlungsmodell geht hingegen von kleineren schweifenden Menschengruppen aus, die ihre Aktivitäten in einem gewissen saisonalen Rhythmus gestalten und sich dabei immer wieder zwischen verschiedenen Plätzen hin und her bewegen.

Einem solchen Modell mit nur kurzfristiger Besiedlung einzelner Lager stehen jedoch die aufwendigen Fischzäune entgegen, die aus verschiedenen Ertebølle-Zusammenhängen bekannt sind. Der gemeinschaftliche Aufwand für solche Fischzäune war enorm. Er erhöht sich zudem, wenn man bedenkt, dass eine Stockproduktion von Haselruten mit bestimmten Durchmessern in Niederwaldwirtschaft erforderlich war. Entsprechende gemeinsame Tätigkeiten sprechen daher eher für Dauersiedlungen statt für saisonale Lager in einem kleineren Schweifgebiet. Derartige permanente Ansiedlungen haben bereits Auswirkungen auf die lokale Umwelt, z. B. die Umgestaltung des siedlungsnahen Walds. Paläoökologische Untersuchungen aus dem westholsteinischen Albersdorf zeigen, dass tatsächlich schon Rodungen in gewissem Umfang stattfanden, die sich sowohl sedimentologisch als auch pollenanalytisch nachvollziehen lassen. In den mittelgroßen oder großen Siedlungen (1–1,8 ha) wurde der Proteinbedarf durch Fische und andere Tiere, der pflanzliche Bedarf durch Sammelpflanzen und Haselnüsse gedeckt. Robbenfett diente zur Tranherstellung für Lampen und Granit zur lokalen Keramikproduktion.

Nutzung von Haustieren

Zu den umstrittenen Forschungsfragen gehören die Anfänge von Haustieren und Getreideanbau in späten Ertebølle- bzw. frühen Trichterbechersiedlungen Nordmitteleuropas. Neustadt LA 156 ist insofern hochinteressant, da hier diese Frage mehr oder weniger geklärt werden konnte. Lange war die Einführung des Hausrinds auf Grundlage weniger Knochenfunde ab ca. 4800/4600 v. Chr. diskutiert worden, die sich dank neuerer aDNA-Analysen jedoch alle als solche von Wildtieren herausstellten.

Die ältesten nachweislichen Hausrindknochen stammen aus Neustadt LA 156 und datieren zwischen 4050 und 3950 v. Chr. Gleiches gilt für Knochen von

Der Fundplatz Neustadt mit seinen reichen Tierknocheninventaren liefert Informationen zu frühen Domestikationsprozessen am Übergang vom Spätmesolithikum zum Frühneolithikum. Erste Haustierknochen belaufen sich zunächst auf weniger als 1 % des zeitgleichen Knocheninventars. Erst nach 3800 v. Chr. ist allgemein eine stärkere Nutzung von Haustieren festzustellen.

Schaf/Ziege und Schwein. Tatsächlich handelt es sich in der Siedlung aber nur um einen verschwindend geringen Anteil von Knochen domestizierter gegenüber nicht domestizierter Tiere (>0,5 %), sodass eine drastische Veränderung der Ernährungsweise unwahrscheinlich ist. Dies ändert sich erst nach 3900 v. Chr., als z. B. in Wangels Haustieranteile von mehr als 80 % vorliegen. Grundsätzlich zeigen archäozoologische Daten zur Verbreitung von Haustieren in trichterbecherzeitlichen Zusammenhängen zumindest bis ca. 3500 v. Chr. eine nicht kontinuierliche, aber stetige Entwicklung, wobei der Haustieranteil in den Siedlungen allmählich zunimmt. So können wir aufgrund neuer aDNA-Analysen für den nordmitteleuropäisch-südskandinavischen Raum vor 4100 v. Chr. das früher angenommene Vorkommen von Haustieren, vielleicht mit Ausnahme einzelner Hausschweine, weitgehend ausschließen.

Nach dem ersten Auftauchen im 41. Jh. v. Chr. folgt also eine beschleunigte Adaption der neuen Errungenschaft. In den kommenden drei Jahrhunderten steigt der Anteil von Haustieren in einzelnen Siedlungen – zu nennen sind Werte zwischen ca. 20 und 65 % Haustieranteil in drei norddeutschen Knochenstichproben und etwa 5 bis 15 % in solchen von Seeland und Schonen. Ab dem 38. Jh. v. Chr. lässt sich bis zum Beginn der mittleren Trichterbecherphase (also ca. 3600 v. Chr.) eine Steigerung auf über 60 % in allen untersuchten Hinterlassenschaften und schließlich auf über 90 % Haustieranteil in der mittleren Trichterbecherphase beobachten.

Die über Jahrhunderte kontinuierlich erscheinende Zunahme an Haustierknochen darf nicht darüber hinwegtäuschen, dass in einzelnen Regionen und zwischen den verschiedenen Fundplätzen erhebliche lokale und kleinregionale Unterschiede bestehen. Unabhängig davon ist nochmals zu betonen, dass es sich bei den ersten wenigen Knochen von domestizierten Haustieren um vereinzelte Exemplare handelt, die bis ca. 3900 v. Chr. nur weniger als 0,5 % der gesamten Knochenstichproben betreffen. Bei den wenigen Nachweisen domestizierter Haustiere während der ersten beiden Trichterbecherjahrhunderte muss die Frage offen bleiben, ob es sich um frühe Viehhaltung oder z. B. um Geschenke im Rahmen größerer Austauschnetzwerke handelt.

Was das Hausrind betrifft, so zeigen ähnlich frühe Datierungen aus Wangels, Åkonge im Åmose auf dem westlichen Seeland und aus Skumparberget bei Stockholm, dass entsprechende Austauschbezüge bereits weiträumig verbreitet waren und den nördlichsten Rand der Trichterbecherkultur erreichten. In Neustadt belegen Genanalysen eine Haustierrasse, die jener der domestizierten Hausrinder im Nahen Osten entspricht. Aufgrund der neuen Ergebnisse kann die eigenständige initiale Domestikation von Hausrindern aus einheimischen Auerochsen ausgeschlossen werden.

Bei Schaf und Ziege deuten sich nach bisherigen Ergebnissen gewisse Unterschiede zum Hausrind an. Aus Wangels LA505 und Neustadt legen frühe Datierungen die Präsenz von Schaf/Ziege bereits im 42. und 41. Jh. v. Chr. nahe. Während in Wangels von spätmesolithischen Zusammenhängen auszugehen ist, dürfte es sich in Neustadt formal um eine Übergangsfundstelle handeln, wo zu dieser Zeit sowohl Trichterbecher- als auch Ertebøllekeramik benutzt wird. Somit zeigt sich, dass Schaf/Ziege ein bis zwei Jahrhunderte früher als das Hausrind zumindest als »Gastgeschenk« eine Rolle gespielt hat. Im südlichen Skandinavien außerhalb Jütlands erfolgte die Einführung von Schaf/Ziege dagegen frühestens im 40. Jh. v. Chr.

Beim Hausschwein lässt sich eine andere Entwicklung erkennen. Hier kann man bereits zwischen 4800 und 4250 v. Chr. in schleswig-holsteinischen Ertebølle-Zusammenhängen eine geringe Präsenz domestizierter Tiere annehmen. Analysen durch Ben Krause-Kyora belegen für Nordostdeutschland und die südliche kimbrische Halbinsel offensichtlich verwilderte Hausschweine mit Haplotypen, die solchen aus dem Vorderen Orient entsprechen, aber auch domestizierten Hausschweinen mit einheimischer, europäischer Haplotypensignatur. So wurde eine vorderasiatische Haplotypenkonsistenz in einer mitochondrialen aDNA vom Fundplatz Grube Rosenhof identifiziert, die zwischen etwa 4720 bis 4560 v. Chr. datiert.

Ein solches Bild entspricht den Nachweisen domestizierter Hausschweine im östlich oder südlich anschließenden Brzesc-Kujawski-Gebiet am Unterlauf der Weichsel, aber auch den klassischen bandkeramischen oder nachbandkeramischen »Hausschweinen«: Dort kamen sowohl Tiere mit europäischen als auch vorderasiatischen Haplotypen ab ca. 5300 v. Chr. vor. Prinzipiell ergibt sich aus den vielfältigen Ergebnissen sowohl die Möglichkeit, dass entsprechende »Hausschweine« als Gastgeschenke in den Norden gelangten, aber auch, dass diese eigenständig im Laufe des späten 5. Jt. v. Chr. in den Ertebøllekulturen domestiziert wurden.

Doch unabhängig davon müssen immer auch regionale Besonderheiten berücksichtigt werden. Wie mosaikartig die Situation sein kann, zeigen schon die Unterschiede z. B. zwischen den nur 30 km voneinander entfernten ostholsteinischen Siedlungen Wangels und Siggeneben-Süd. Während in Wangels der Haustierknochenanteil relativ hoch ist, bleibt er in Siggeneben-Süd auch im 37. und 36. Jh. v. Chr. nach

Das Fell des frühen domestizierten Hausschweins sah vor 6600 Jahren dem Bentheimer Schwein recht ähnlich.

wie vor sehr niedrig. Ob und wie Haustiere genutzt wurden, hing also immer auch von der örtlichen Situation und kulturellen Entscheidungen ab.

Ab ca. 3500 v. Chr. lassen sich allerdings in allen Siedlungen mit guter Knochenerhaltung hohe Anteile domestizierter Tiere (ca. 80–90 %) nachweisen. Die Viehhaltung konzentrierte sich auf Hausrind und Hausschwein. Entsprechende Werte sind etwa aus Oldenburg-Dannau oder Bostholm bekannt. Während das Rind stark von einer gemeinschaftlichen Hude in umliegenden Wäldern oder Lagunen- und anderen Küstenzonen abhing, konzentrierte sich das Hausschwein auf den einzelnen Haushalt: Schweine wurden beim Haus und von dessen Bewohnern ernährt und stellten einen Wert dar, der nicht der Gemeinschaft, sondern dem individuellen Haushalt diente. Schaf/Ziege, die ebenfalls zum Repertoire der nachgewiesenen Haustierknochen gehören, spielten eine eher untergeordnete Rolle.

Die Variationen im Anteil der Haustiere innerhalb bzw. auch zwischen einzelnen Siedlungen verweisen nicht nur auf lokale Unterschiede, sondern auch auf eine Entwicklung im Laufe der Trichterbecherkultur. So nimmt in bestimmten Gebieten, z. B. in Ostholstein, die Bedeutung der Schweine sowie auch der Jagdtiere in den letzten Jahrhunderten der Trichterbecherzeit zu. Parallel zu dieser grundsätzlichen Verselbstständigung von Haushalten, eben auch bei der Viehhaltung weg von kollektiver hin zu haushaltsbezogener Tierhaltung, vergrößert sich darüber hinaus die Bandbreite gejagter Tiere. Zum Fleisch der Haustiere kommt jetzt das von Rothirsch, Ur, Reh, Wildschwein, Wildpferd, Biber, Dachs, Rotfuchs und Marder hinzu. Inwiefern hier eine erneute Diversifizierung der Ernährungsweise stattfindet, muss derzeit offen bleiben.

Wie vielseitig das Nahrungsangebot während der gesamten Trichterbecherzeit war bzw. wie umfangreich die Ressourcen genutzt wurden, verdeutlichen die sonstigen Tierreste aus den untersuchten Siedlungen. So fanden sich verschiedene Vögel, u. a. Stockenten, und auch der Fischfang sowohl in Süß- als auch in Meerwasser spielte eine große Rolle. Grundsätzlich lässt sich eine Anpassung an die jeweilige Umgebung erkennen. An den mecklenburgischen Seen, aber auch im ostholsteinischen Travetal oder am Dümmer in Niedersachsen beispielsweise wurden Karpfen, Brachse, Hecht, Wels und Flussbarsch gefangen und dazu Enten gejagt. Der Anteil aquatischer Nahrung, inklusive der Verzehr von Muscheln, steigt in manchen Gemeinschaften erheblich und dominiert die Ernährung. Auch Fischerei und sogar Hochseefischerei konnten eine Rolle spielen. Aus Wolkenwehe etwa sind Kegelrobbenfunde bekannt, die darauf verweisen, dass dieses Fleisch auch ca. 40 km von der baltischen Küste entfernt importiert wurde – falls die Robben nicht die Trave »hinaufgeschwommen« sind. Zahlreiche Knochen wurden bei der Geräteherstellung weiterverwendet.

Die kontinuierliche Bedeutung aquatischer Ressourcen drückt sich zugleich in den Fischzäunen aus, die insbesondere aus mesolithischen, aber auch neolithischen Zusammenhängen überliefert sind. Für den Fischzaun im dänischen Oleslyst wurden unter lichten Bedingungen Haseln angepflanzt, die »vom Stock« genommen bereits im ersten Wachstumsjahr 1 bis 2 m hoch waren, zumeist aber erst im Alter von acht bis zehn Jahren geschnitten wurden. Dünne Hasel- und Schneeballruten wurden auch für Fischreusen benutzt. Die seit der frühen Ertebøllezeit (ca. 5300 v. Chr.) nachgewiesene Niederwaldwirtschaft wurde auch im Neolithikum fortgesetzt.

Soziale Diversität – auch bei der Ernährung?

So wie die Vielfalt der tierischen Nahrung von der späten Ertebølle- zur älteren Trichterbecherzeit zugenommen hat (4300–3800 v. Chr.), nahm sie ungefähr auch von der mittleren zur späten Trichterbecherzeit zu (3200–2800 v. Chr.). Während zu Beginn jedoch die Einführung domestizierter Tiere von Bedeutung war, zeigte sich gegen Ende der Entwicklung eine gegenläufige Tendenz, nämlich die erneute Zunahme der Jagdtieranteile im Nahrungsspektrum.

Für beide Entwicklungen können neben einer zunehmenden Absicherung der eigenen Ernährungsweise auch soziale Faktoren verantwortlich gemacht werden. Während sich bei der frühen Einführung von Haustieren sicherlich die soziale Kompetenz einzelner Akteure zeigt, sind es am Ende der Trichterbecherzeit hauptsächlich individuell gehaltene Haustiere, die eine verstärkte Selbstständigkeit der Haushalte zum Ausdruck bringen. Im Süden der Trichterbechergesellschaften lässt sich die Entwicklung um 3000 v. Chr. eventuell auch mit äußeren Einwirkungen verbinden, die jetzt auf gewisse Akzeptanz stoßen: Kugelamphoreneinflüsse werden in der Keramik und auch anderen Lebensbereichen deutlich. Insbesondere in Männergräbern des mitteldeutschen Raums werden Kugelamphoren mit Schweinebeigaben reich ausgestatteter Beisetzungen assoziiert. Die steigende Bedeutung des Hausschweins ist zumindest für die späte Trichterbechernordgruppe nachgewiesen.

Die Zunahme von Wildtierknochen lässt sich nur mit einer vermehrten Ausbeutung unterschiedlicher ökologischer Areale erklären, teilweise auch nur von zeitweise belegten Stationen aus. Zu nennen ist hier Parchim-Löddigsee, eine temporäre Fisch- und Jagdstation im mecklenburgischen Inland, die für einen sehr hohen Anteil an gejagten Wildpferden bekannt ist. Auch das holsteinische Bistorf dürfte ein saisonal genutzter Fundplatz der Nordgruppe gewesen sein. Entsprechende Jagdstationen kennen wir auch aus der Trichterbecherwestgruppe. So stammen aus der kleinen saisonalen Jagdstation Hüde (Lkr. Diepolz) im wasserreichen Mündungsdelta der Hunte in den Dümmer nur ca. 3,2 % der geborgenen Knochen von Haustieren. Offensichtlich brachten bäuerliche Gemeinschaften aus dem Hinterland ihre Haustiere mit in die zum Jagen aufgesuchte Station.

»Sekundäre« Nutzung von Tieren?

Die Altersverteilung der einzelnen Tierknochen z. B. von Oldenburg-Dannau beantwortet relativ gut die Frage, ob Tiere zur Fleisch- oder zur Milchwirtschaft bzw. für andere sekundäre Produkte genutzt wurden. Auch wenn die Erhaltung der Knochen nicht beson-

Die Sekundärnutzung von Tieren wird in den Veränderungen des Transportwesens sichtbar. Zu den ältesten Belegen für Rad und Wagen weltweit gehören die Wagenspuren aus dem Langhügel von Flintbek, die um 3450 v. Chr. datieren. Hier wurde der Wagen wohl rituell eingesetzt.

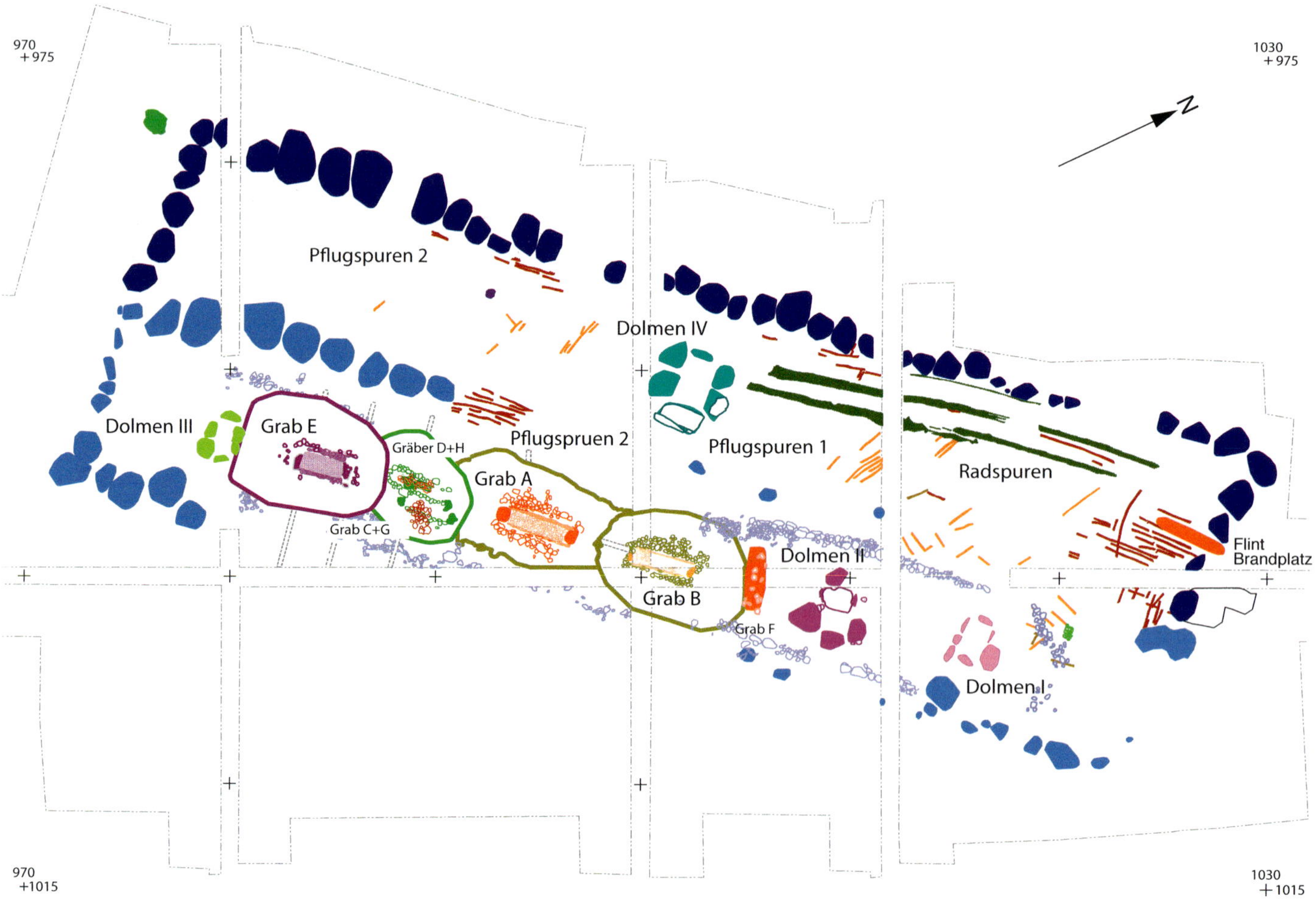

Die Flintbeker Wagenspuren aus der Zeit um 3450 v. Chr.

ders gut ist, kann man davon ausgehen, dass Milch und Milchprodukte verzehrt wurden. Auch Fettanalysen an frühneolithischer Trichterbecherkeramik belegen die Nutzung von Milch. Offensichtlich war Milch von Schafen, Ziegen und Kühen fester Bestandteil der trichterbecherzeitlichen Ernährung.

Höchst interessant ist die Tatsache, dass in den trichterbecherzeitlichen Fundplätzen Norddeutschlands und Skandinaviens keine Spinnwirtel oder Webgewichte entdeckt wurden. Während in südlicheren Regionen, insbesondere auch im Karpatenbecken mit den mächtigen Badener Webgewichten oder den Spinnwirteln aus dem südlichen Mitteleuropa, die Verarbeitung von Wolle als tierisches Produkt belegt ist, kennen wir dies aus der westlichen und nördlichen Trichterbechergesellschaft nicht. Dementsprechend ist beim derzeitigen Stand der Forschung davon ausgehen, dass neben Fellen von Jagd- oder Haustieren auch pflanzliche Textilien, etwa aus Rindenbast, getragen wurden.

Während eine Verarbeitung von tierischen Produkten für Kleidungszwecke bisher also nur in Form von Fellen anzunehmen ist, lässt sich für einen ganz anderen Bereich die Nutzung von Tieren voraussetzen: beim Ziehen von Rad und Wagen sowie beim Pflügen. Hakenpflugspuren können etwa ab dem 37. und verstärkt dann dem 36. Jh. v. Chr. im südskandinavischen und norddeutschen Raum festgestellt werden. Ein Ziehen von Hakenpflügen mithilfe von Schweinen oder Rindern ist möglich, aber bislang nicht nachgewiesen. Allerdings kann man auch aufgrund bildlicher Darstellungen in Züschen oder Bronocice davon ausgehen, dass Wagen von Rindern gezogen wurden. Dies setzt etwa im 35. Jh. v. Chr. ein, insbesondere wenn wir die neu datierten Wagenspuren aus dem Megalithgrab von Flintbek bei Kiel berücksichtigen.

In diesem Zusammenhang ist auch der Nachweis von Bohlenwegen zu nennen, die ab 4600 v. Chr. im Dümmer-Gebiet für Tiere, später dann möglicherweise auch für Wagen angelegt wurden. So sind die Wege P32, P33 und P44 aus dem Campenmoor im Dümmer von unerwartet hohem technischen Niveau. Im Prinzip bestehen sie wie alle anderen neolithischen und frühbronzezeitlichen Bohlenwege aus einem Unterbau dünner Stangen und Reislagen sowie einer Deckschicht aus quer verlegten Rundhölzern von 2,5 bis 3,5 m Wegbreite. Tatsächlich stammen diese Wege aus einer Zeit vor der Wagennutzung, was eine Deutung erschwert.

Spaghetti-Weizen, Lein und Wildäpfel

Auch die Rekonstruktion der pflanzlichen Nahrung lässt einen der entscheidenden innovativen Prozesse erkennen, die zu Beginn der Trichterbecherzeit die Welt in Nordmitteleuropa und Südskandinavien veränderten. Obwohl die frühen Nachweise naturwissenschaftlich datierter Getreidekörner noch relativ gering sind, ist entscheidend, dass diese in ihrer Quantität ähnlich häufig (bzw. selten) sind wie die für erste Haustierknochen. Entsprechend müssen wir beim derzeitigen Stand der Forschung davon ausgehen, dass domestizierte Tiere und kultiviertes Getreide etwa gleichzeitig genutzt wurden bzw. dass die Möglichkeit zu einer Nutzung bestand.

Parallel zeigt sich ab ca. 4000 v. Chr. eine Veränderung des Eichen-Lindenwalds: Die Anteile von Ulme, Linde und Esche als stark genutzte Baumarten gehen zurück, während die lichtliebende Hasel gefördert wird. Verantwortlich dafür sind u. a. die Nutzung der Bäume als Futterlieferanten (Laub) oder aber die Hudeweide im Wald. Darüber hinaus bestehen kleinräumig Flächen für einfachen Bodenbau mit dem

Frühe Trichterbechernordgruppe um 3700 v. Chr.: Die Untersuchungen von Wiebke Kirleis und Stephanie Klooß zeigen, dass der Anbau von Kulturpflanzen auf kleinen Flächen im unmittelbaren Umfeld der Gehöfte bei intensiver Pflege stattfand.

Hackstock, der als Arbeitsgerät bis etwa 3650 v. Chr. die Landwirtschaft dominiert.

Zunächst wird eine Vielzahl unterschiedlicher Getreidearten ausgesät. Neben Einkorn, Emmer und Gerste wurde auch Hartweizen bereits für das beginnende Frühneolithikum von Wiebke Kirleis und Stefanie Kloos nachgewiesen. Dieser »Spaghetti-Weizen« ist aus den südlichen Gebieten schon über Jahrhunderte bekannt und vor allem auch im westlichen Mittelmeergebiet sehr viel früher belegt. »Nach ausgiebigen Frühjahrsregen gedeiht der Hartweizen sehr gut bei trockenen Sommern, … ist allerdings nicht frosthart, sodass Spätfröste Ernteverluste bedeuten«, so W. Kirleis.

Die frühen ackerbaulichen Tätigkeiten zeigen noch keine größeren Auswirkungen auf die Öffnung der Landschaft. Zwar verändern sich die Wälder wie beschrieben, doch lassen sich bisher keine größer gerodeten Gebiete nachweisen. Vergleichbar dem Angebot an tierischer Kost ist auch Getreide zu dieser Zeit nur eine Ergänzung der wildbeuterisch erlangten Nahrung, seien es die üblichen Sammelfrüchte oder vor allem Haselnüsse als Proteinspeicher für den Winter.

Dass die Zugänglichkeit zu und die Verwendung von Getreide über Kontakte zu südlichen Gemeinschaften erfolgten, ist eindeutig erwiesen. Für den Trichterbecherbereich können wir gewisse regionale Unterschiede bei der Nutzung feststellen, die auch auf kulturelle Verbindungen hindeuten. So stammen bisher relativ frühe Nachweise für domestiziertes Getreide aus Nordostdeutschland und Südschweden (ab ca. 4000 v. Chr.), während im »Westen«, also z. B. der kimbrischen Halbinsel, Getreideanbau erst nach 3800 v. Chr. dokumentiert werden kann. Möglicherweise ist es der erhebliche Einfluss der bereits erwähnten Spätlengyel-Gruppen aus dem Südosten, die das frühere Vorkommen im östlichen Gebiet verursachten: Zu denken ist etwa an Einwirkungen aus dem mitteldeutschen Raum.

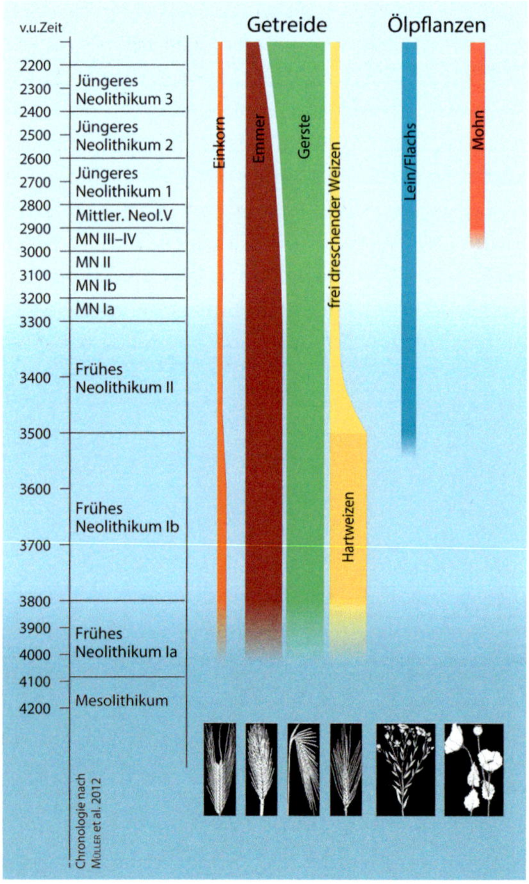

Entstehung der Kulturlandschaft

Sowohl kulturell als auch ökonomisch erkennen wir in den drei Jahrhunderten nach 3800 v. Chr. eine gewisse soziale Konsolidierung, die zu einer Verstärkung der menschlich bedingten Umweltveränderungen führt. Während für die Zeit zwischen 4100 und 3650 v. Chr. die Dominanz des Hackfruchtanbaus und ein möglicher Brandfeldbau diskutiert wird, können wir danach mit dem Einsatz des Hakenpflugs und dem Anlegen von Offenflächen für größere Felder rechnen. Beim Brandfeldbau wird die Bodenfruchtbarkeit durch periodisches Abbrennen bestimmter, bewusst »gepflegter« Gehölze erreicht. Die Felder werden insbesondere durch Tierlauf nach der Ernte oder das Ausbringen organischer Abfälle gedüngt. Die Veränderungen im agrarischen Bereich gehen mit erheblichen Landöffnungen einher, die sich in den Pollenprofilen durchgehend als Rückgang der Baum- gegenüber den Nicht-Baumpollen niederschlagen. Mit Einführung der neuen Anbauweise, mit dem Anlegen größerer Felder, reduzieren sich einerseits die genutzten Getreidearten auf die Standardkombination Einkorn und Emmer, dazu Gerste, andererseits kommen zusätzlich im Gartenbau kultivierte Ölpflanzen wie Lein/Flachs und später Mohn hinzu. Im Nahrungsspektrum fehlen eiweißreiche Hülsenfrüchte wie etwa Erbsen.

Aufgrund der nachgewiesenen Unkrautarten lässt sich eine bodenferne Handernte der Ähren voraussetzen, wobei das Stroh auf den Feldern verbleibt. Im Prinzip können wir nach Wachstum und Ernte von einer kurzen Brache- und Beweidungsphase ausgehen, die zu einer zeitweisen Vergrasung der Anbauflächen vor erneutem Anbau geführt hat. Die untersuchten Hakenpflugfurchen belegen kreuzförmiges Pflügen. Neben den Feldern und den gartenähnlichen Flächen u. a. für Mohn und Lein ist unklar, ob in den

Die Untersuchungen des Schwerpunktprogramms durch das Team von Wiebke Kirleis belegen eine gewisse Diversität der genutzten Getreidearten in der frühen Trichterbecherphase. Mit Einführung des Hakenpfluges um 3600 v. Chr. konzentriert sich der Anbau verstärkt auf Emmer und Gerste.

Wiebke Kirleis und Elske Fischer entdeckten tetraploiden Nacktweizen als Bestandteil des Buffets in Norddeutschland und Südskandinavien. Über politische und ökonomische Netzwerke gelangte der so genannte Spaghetti-Weizen in den Norden.

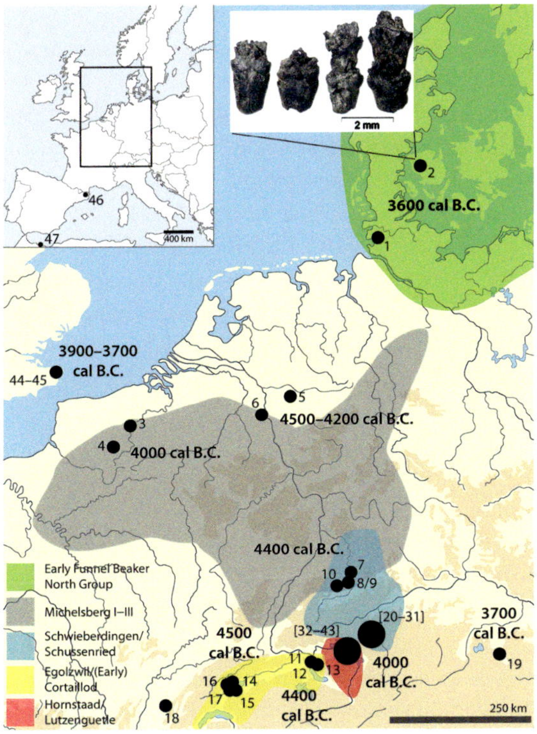

Wäldern oder am Rand der Wälder bereits bestimmte Wildobstsorten gefördert wurden. Tatsächlich lassen die zahlreichen Nachweise von Wildäpfeln darauf schließen, dass der Apfel eine immer wichtigere Rolle bei der Ernährung gespielt hat.

Die Hakenpflugspuren verweisen auf eine intensive Bewirtschaftungsstrategie der aufgelichteten Flächen, hauptsächlich für den Anbau von Einkorn, Emmer und Gerste. Eine Abgrenzung der Areale, die während des Getreidewachstums vor Tieren geschützt werden mussten, aber auch gewisser Garten- und Wildobststandorte durch Hecken ist anzunehmen.

Wo die Felder lagen, lässt sich momentan noch nicht mit Sicherheit bestimmen. Bei Einzelhöfen wie in Rastorf sind Hakenpflugspuren direkt am Haus nachgewiesen, sodass hier von Ackerflächen in unmittelbarer Nähe des Gebäudes ausgegangen werden kann (s. S. 22). In Oldenburg-Dannau finden sich zwar ebenfalls einzelne Hakenpflugspuren innerhalb des Siedlungsareals, doch lagen gewiss auch Felder außerhalb. Die Verarbeitung des Getreides allerdings fand nach bisherigen Erkenntnissen innerhalb der Siedlungen statt.

Bei den neu ausgegrabenen bzw. ausgewerteten größeren Siedlungen fällt auf, dass sich Mahlsteinunterlieger weder in Lavenstedt noch in Oldenburg-Dannau in den Häusern fanden, und auch in Büdelsdorf lagen sie nur partiell in oder an den Gebäuden. Stattdessen sind sie in gemeinsamen Arealen deponiert worden, während die Läufer durchaus in den Häusern vorkommen können. Vermutlich wurde also gemeinschaftlich »gemahlen«.

Zur Vorratshaltung ist bisher noch nicht viel bekannt. Eventuell verweisen die bereits erwähnten Vierpfostenkonstruktionen oder Hütten, etwa in Wittenwater oder Oldenburg-Dannau, auf mögliche Speicherbauten bei Einzelhöfen bzw. in den Dörfern.

Wenngleich der Wechsel im 36. Jh. v. Chr. von extensiver zu intensiver Landwirtschaft ein ökonomischer ist, lässt sich trotzdem feststellen, dass nun verschiedene Pflanzenarten offensichtlich mit sehr unterschiedlichen Bedeutungsinhalten verbunden sind. So fand man in Siedlungen hauptsächlich Überreste von Getreide und Unkraut, während Getreide in Gräbern nahezu komplett fehlt und stattdessen Sammelpflanzen enthalten sind. In den Grabenwerken wiederum wurden Pflanzen aus dem näheren und mittleren Umfeld anscheinend bewusst zusammengetragen, allerdings Vegetation ohne wirtschaftlichen Hintergrund, d. h. weder kultivierte noch Sammelpflanzen. Aufgrund dieser Fundkategorien ergeben sich unterschiedliche Lebens- und Sinninhalte,

Der Hakenpflug setzt sich um 3600 v. Chr. als entscheidende landwirtschaftliche Innovation gegenüber dem Grabstock durch. Pflugspuren eines kreuzweise aufgerissenen Bodens sind aus Flintbek LA 17/171 bekannt.

Mittlere Trichterbechernordgruppe um 3300 v. Chr. Der großflächige Anbau von Getreide unter Einsatz des Hakenpflugs hat die Umwelt erheblich verändert. Offene Flächen prägen die Umgebung von Weilern und Dörfern.

Oldenburg-Dannau LA 77. Ein mächtiger Mahlstein mit konkaver Arbeitsfläche belegt die erhebliche Bedeutung der Getreideverarbeitung.

die das Sammeln im Bereich der Verstorbenen, das Domestizierte bei den Lebenden und das vermeintlich Unberührte im Bereich der großen periodischen Zusammenkünfte (s. u.) ansiedeln.

Die sich hier abzeichnende Ordnung einer intensiven Landschaftsnutzung mit Wiesen, Hudeflächen in Wäldern, großen Offenflächen für Felder, Gartenbauarealen und vielleicht Obstanbaugebieten wird verstärkt durch die Konzentration größerer Bevölkerungsgruppen in ersten Dörfern ab ca. 3300 v. Chr. Lokal zeichnet sich nach mehreren Generationen u. a. das Ausbleichen ehemals fruchtbarer Böden ab, wie z. B. in Büdelsdorf. Die Auslaugung führt zur Unfruchtbarkeit des Bodens und in der Konsequenz zum Auflassen des Orts. Solche Hinweise auf erhebliche Veränderungen lassen sich tatsächlich an zahlreichen Pollenprofilen ablesen: einerseits eine Bevölkerungsagglomeration mit zunehmenden, auch ökologischen Problemen, andererseits Wiederbewaldungsvorgänge ab ca. 3200 v. Chr. in vielen Gebieten der Trichterbecherkultur. Auch im wirtschaftlichen Bereich zeigen sich Gesellschaften im Wandel, die nach und nach neue Landschaften mit eher unfruchtbareren Arealen besiedeln und sich weiter ausdifferenzieren. Bisher deutet alles darauf hin, dass ab 3100 v. Chr. insbesondere die Viehhaltung mit Viehtrieb eine größere Rolle spielt, während im Getreidespektrum auf resistentere Pflanzen wie Gerste gesetzt wird. Diese Veränderungen markieren den Übergang zum nordischen Jungneolithikum.

In dieser Zeit werden auch Doppelgräber für Rinderbestattungen in Nordjütland angelegt, die von unterschiedlichen Wissenschaftlern mit Einflüssen der möglicherweise eher viehhalterischen Kugelamphorenkultur in Verbindung gebracht werden. Ab ca. 2800 v. Chr. setzt sich fast überall die Einzelgrabkultur durch: Eine neue gesellschaftliche Ordnung ist entstanden, die auch aus den »verzweigten« ökonomischen Veränderungen der späten Trichterbecherzeit herrührt.

Pollenprofile und Rekonstruktion der Landschaftsentwicklung

Eine einmalige Chance, die Veränderungen der Landschaftsnutzung darzustellen, bieten die Sedimente von Seen der südkimbrischen Halbinsel und Nordostdeutschlands. Sowohl sedimentologische als auch pollenanalytische Untersuchungen durch Walter Dörfler und Ingo Feeser ermöglichen eine jahrgenaue Datierung der Vorgänge. Grundsätzlich zeichnet sich das folgende Bild einer mal abrupt wechselnden, mal kontinuierlichen Entwicklung ab, das zusammen mit archäobotanischen Daten eine gewisse Phasengliederung der wirtschaftlichen Entwicklung der Trichterbechergesellschaften erlaubt:

- 4100 bis 3750 v. Chr.: Viehhaltung mit Waldweide und kleinflächiger Getreideanbau führten zwar zu veränderten Baum- und Strauchzusammensetzungen in der durchgehend bewaldeten Landschaft, doch große, menschlich angelegte Offenflächen fehlen. Dies darf aber nicht darüber hinwegtäuschen, dass neben einer gezielten Niederwaldwirtschaft auch lokale Rodungen ein erhebliches Umweltmanagement der frühen trichterbecherzeitlichen Gemeinschaften bedeuteten. Nachweise für ersten Getreideanbau liegen aus dem Pollenprofil Poggensee, von Rügen und aus Wangels vor. Auch die frühesten Knochen domestizierter Tiere datieren in diese Zeit.
- Ab ca. 3750 v. Chr. lässt sich über bestimmte Zeigerpflanzen wie z. B. Spitzwegerich die zunehmende Öffnung der Landschaft feststellen. Der Pflug wird eingeführt, und größere Felder werden angelegt. Das Zurückdrängen der Wälder setzt sich fort bis etwa 3500 v. Chr. Eine neue Kulturlandschaft mit großen Feldern, gezieltem Getreideanbau und einem durchgehenden Netz unterschiedlicher Siedlungen entsteht.

Die Entwicklung von Landschaftsoffenheit, Bodenbau und menschlichem Einfluss auf die Vegetation anhand jahresgeschichteter Pollenprofile in Ostholstein und Westmecklenburg. Die vergleichenden Hochrechnungen wurden von Ingo Feeser vorgenommen.

Jahresgeschichtete Seesedimente bilden herausragende Archive für die Rekonstruktion von Umweltverhältnissen und Vegetationsentwicklung.

- Um 3300 v. Chr. erkennen wir, möglicherweise in Verbindung mit einem plötzlichen Abfall der Sommertemperaturen (ca. 3350–3000 v. Chr.), eine Regeneration des Eichenmischwalds und nachlassende menschliche Einflüsse auf die Gesamtvegetation. Doch belegen hauptsächlich zwischen 3200 und 3125 v. Chr. Hinweise auf erneut gesteigerte Aktivitäten in Ostholstein, dass eventuell eine Agglomeration der Bevölkerung in größeren Siedlungen hierfür verantwortlich ist.
- Um 3000 v. Chr. zeigt sich ein erneuter Anstieg der anthropogenen Einflüsse und ab 2900 v. Chr. eine

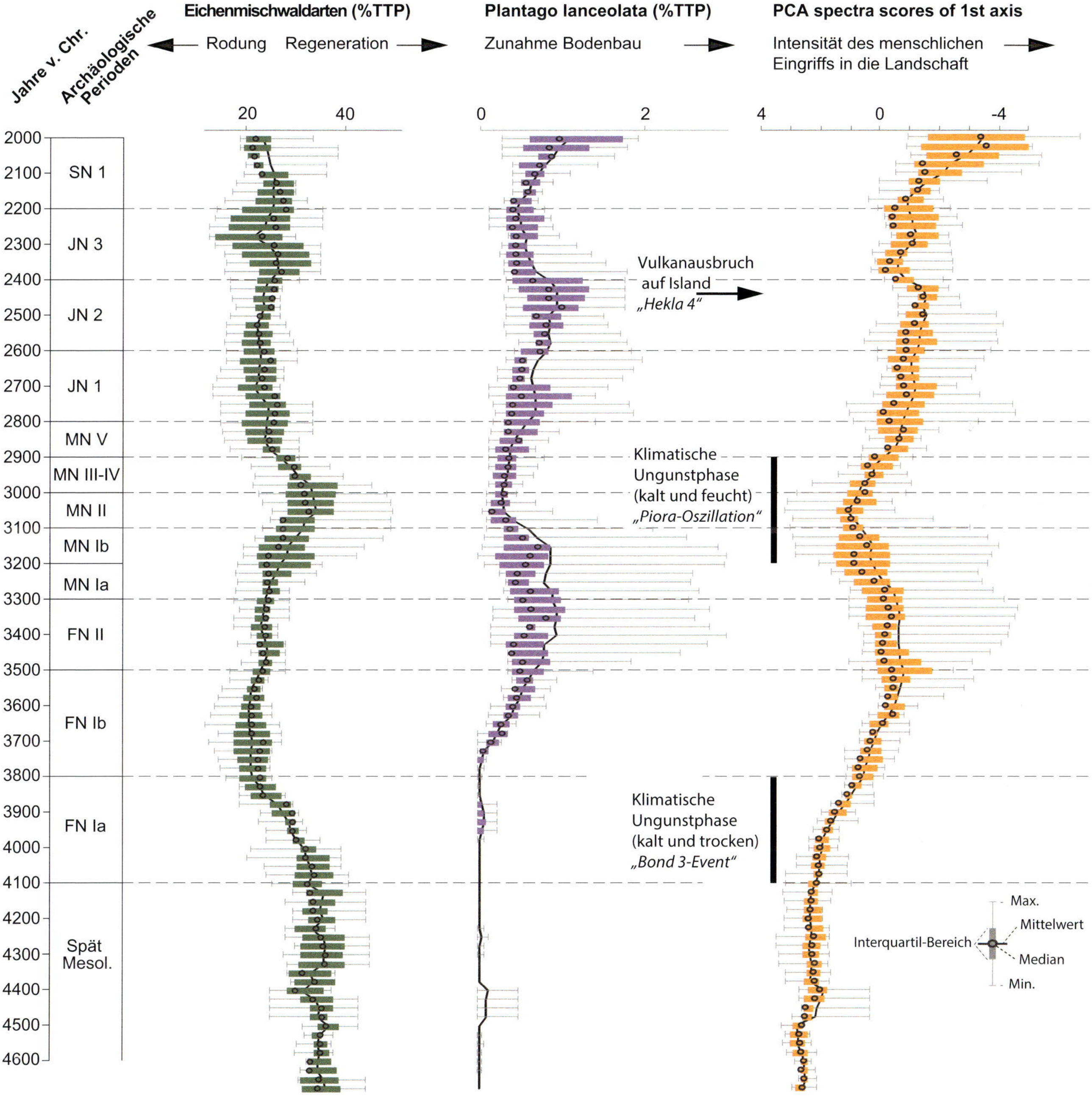

Zunahme aller menschlichen Indikatoren, die auf eine Erhöhung der kulturellen und landwirtschaftlichen Aktivitäten hindeutet.

Von entscheidender Bedeutung ist dabei, dass die wirtschaftlichen und auch die klimatischen Veränderungen für die Erklärung kultureller und sozialer Prozesse herangezogen werden können. So hat Stefan Dreibrodt mit Detailuntersuchungen für etwa 50 Jahre an jahresgeschichteten Sedimenten zwischen 4050 und 4000 v. Chr. Schichten identifiziert, bei denen mehrfache sommerliche Kalkfällungen auf extreme Kaltlufteinbrüche (Spätfrost?) hinweisen. Wir haben es hier also mit 50 »schlechten Jahren« zu tun, die auf die lokalen Wildbeutergesellschaften drastische Auswirkungen hatten. Gerade diese schwierige Phase dürfte es gewesen sein, die ein Experimentieren mit neuen wirtschaftlichen und kulturellen Errungenschaften anregte. In der Konsequenz wurde das dargestellte Spektrum an Haustieren und kultivierten Pflanzen in die lokale Ökonomie integriert. Tatsächlich führte dies zu einer Konsolidierung neuer Strategien des Wirtschaftens und Lebens, die ab ca. 3700 v. Chr. für mehrere Jahrhunderte von einer klimatischen Gunstphase mit warmen Sommern und milden Wintern begleitet wurde: Dies ist die Zeit, als die Trichterbechergesellschaften nicht nur Innovationen annehmen, sondern auch oberirdische Grabmonumente errichten.

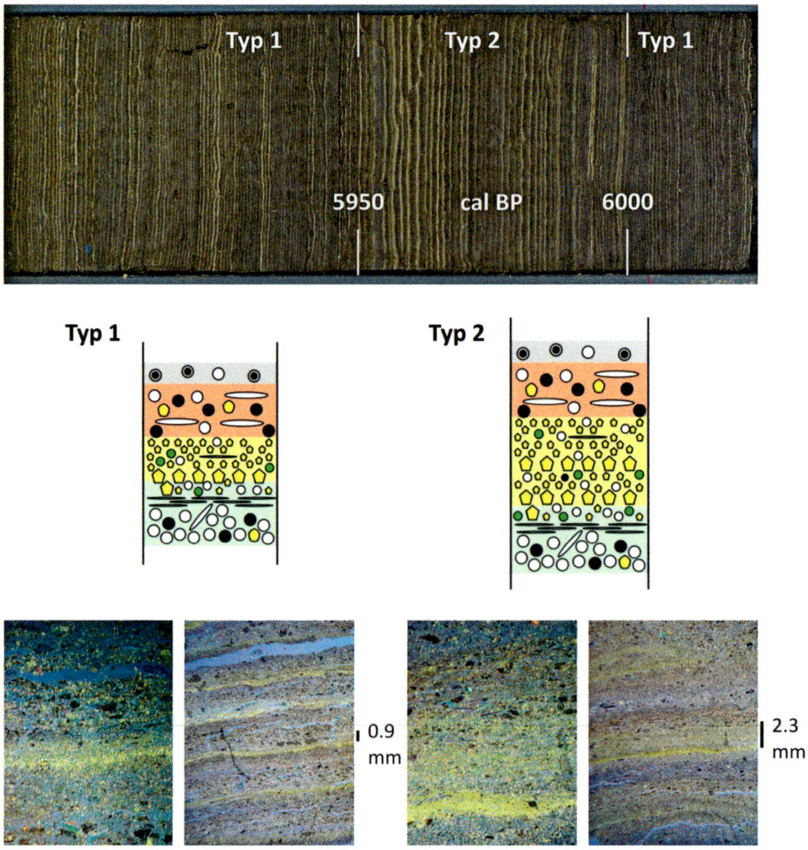

Typ 1: einfache Kalkfällung

Typ 2: wiederholte Kalkfällung (hier dreifach)

Stefan Dreibrodt konnte etwa 50 »schlechte« Jahre in den Sedimentlagen des Belauer Sees (Ostholstein) identifizieren, in denen die Winter besonders lang und die Vegetationsphasen besonders kurz waren. 4050 bis 4000 v. Chr. hatten die Menschen im norddeutschen und südskandinavischen Raum folglich mit erheblichen Wetterunsicherheiten zu rechnen.

Mosaik der Ernährungsweisen

Die Nutzung der regionalen Umweltressourcen sowie die Verfügbarkeit von domestizierten und kultivierten Tieren und Pflanzen eröffnete also den Trichterbechergemeinschaften eine breite Vielfalt an Ernährungsmöglichkeiten. Entsprechend wurden und werden erhebliche Anstrengungen unternommen, nicht nur die Lebensbedingungen, sondern auch die tatsächlichen Komponenten der Ernährungsweise nachzuvollziehen.

Als Standardmethode hat sich dafür das Verhältnis zwischen Stickstoff- und Kohlenstoffisotopen etabliert. Während Unterschiede im Anteil des Kohlenstoff-Isotops ^{13}C auf marine oder terrestrische Ernährung hinweisen, informiert der Anteil des Stickstoffisotops ^{15}N über die Variabilität der Ernährung. Die Differenz der Stickstoffisotopenwerte von Tieren und Menschen erlaubt Rückschluss auf den Anteil der tierischen Nahrung: Die Isotopendaten von Haustieren (außer Hunden) dienen als Richtwerte. Sind die ^{13}C- und ^{15}N-Werte in menschlichen Knochen gegenüber denen von Haustieren erhöht, belegt dies eine nicht nur pflanzliche, sondern auch tierische Ernährungskomponente, wobei Letztere aus Fleisch, Milchprodukten oder aber auch Fisch bestehen kann. Je höher der Unterschied, desto vielfältiger offensichtlich die Ernährungsweise.

Während wir für die mesolithischen Gemeinschaften in Mitteleuropa und Südskandinavien zunächst eine relativ starke Komponente von wild lebenden Tieren und Süßwasserfisch bzw. Meeresprodukten feststellen, die sich in erhöhten ^{15}N- und bei mariner Komponente in verringerten ^{13}C-Werten ausdrückt, sind vor allem zu Beginn der Neolithisierung Mitteleuropas z. B. in den süddeutschen Lössgebieten hohe Anteile Getreidenahrung zu erkennen, die eine Reduktion der ^{15}N-Werte bewirken. Erst im Laufe des Neolithikums ist auch in diesen agrarischen Kernregionen eine erneute Diversität der Ernährungsweisen zu verspüren, die sich in erhöhten ^{15}N-Isotopenanteilen niederschlägt. Diese Diversifizierung der Ernährung in der zweiten Hälfte des Neolithikums spiegelt darüber hinaus eine nun wieder vielfältigere Ausbeutung der ökologischen Ressourcen wieder. Zu beachten ist bei entsprechenden Auswertungen allerdings, dass auch die Einflüsse anderer kultureller Faktoren auf die Werte hoch sein können: So steigen ^{15}N-Werte, je intensiver und länger die Stillzeit ist; niedrige Werte können auf ältere Mütter zurückzuführen sein.

Isotopenwerte aus dem nordmitteleuropäischen bzw. südskandinavischen Raum sind eher selten, da die Knochenerhaltung aufgrund der sauren Böden relativ schlecht ist. Trotz allem ist es möglich, folgende Ergebnisse festzuhalten:

- Intensive Ausbeutung mariner und aquatischer Ressourcen in Ertebølle-Zusammenhängen: Die hohen ^{15}N- und ^{13}C-Werte für Ertebølle-Stichproben belegen den großen Anteil aquatischer Nahrung der untersuchten Menschen, die fast alle aus der Nähe der Ostseeküste oder größerer Inlandgewässer stammen. Gerade diese aquatische Ernährungsweise war es, die u. a. eine gewisse Sesshaftigkeit ermöglichte.
- Angepasste Wirtschafts- und Ernährungsweise in Trichterbecherkulturen Südskandinaviens: Für das Neolithikum liegen insbesondere aus Südschweden zahlreiche Isotopenuntersuchungen vor. Ein Vergleich der Daten aus dem inländischen Falbygden mit seinen Kalkböden und jenen von der Ostseeinsel Öland belegt erhebliche Unterschiede: In Falbygden entsprechen die ^{15}N- und ^{13}C-Werte einer primär terrestrischen Ernährung, während in Öland eher von einer marinen/gemischten Nahrung auszugehen ist. Diese Differenzen sind auf die jeweiligen Umweltbedingungen zurückzuführen. Erst im Spätneolithikum werden auch auf Öland primär agrarische Produkte verzehrt. Im Inland hingegen zeigen beispielsweise die Werte für den spätneolithischen Fundplatz Kinnekulle, dass auch hier im Gegensatz zu Falbygden ein höherer Anteil an Frischwassernahrung gegeben ist, die auf die Nähe zum See zurückzuführen ist.
- Angepasste Wirtschafts- und Ernährungsweise in Trichterbecherkulturen Norddeutschlands: Auch aus dem norddeutschen Raum liegen inzwischen mehrere Isotopenergebnisse vor. Während aus den südlich angrenzenden Lössgebieten bis zumindest um 4100 v. Chr. eine relativ eindeutige terrestrische Prägung nachzuweisen ist, gibt es für die nördlicheren Areale gewisse Unterschiede: 1. In Flintbek LA 6 und Oldenburg-Dannau LA 77 wurden für Skelettreste aus einem Megalithgrab und einer Siedlungsbestattung Werte nachgewiesen, die ebenfalls einer terrestrischen Ernährungsweise entsprechen. Der niedrigere ^{13}C-Wert in Dannau gegenüber dem von Flintbek deutet darauf hin, dass an der lagunenartigen

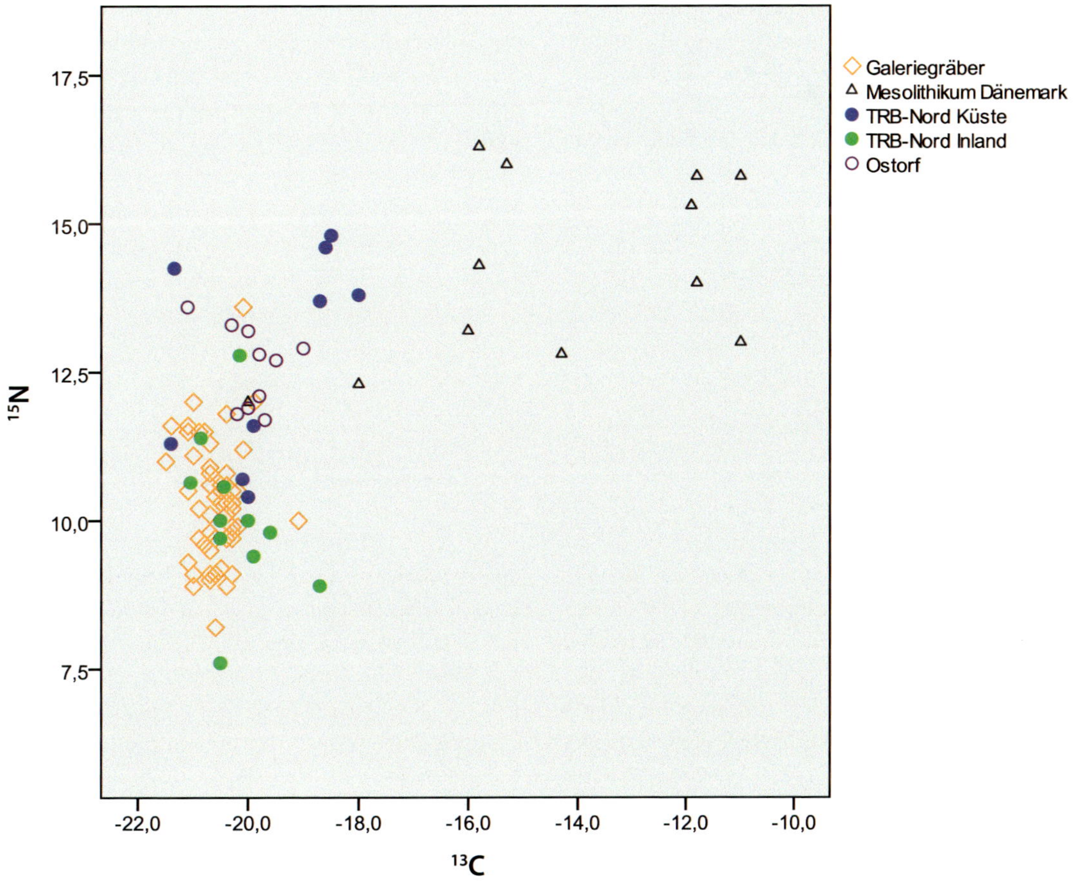

In den Trichterbechergesellschaften gab es Gebiete, in denen manchmal der Anteil aquatischer Nahrung, manchmal der von agrarischen Produkten hoch war. Dies wird in den ^{13}C- und ^{15}N-Werten sichtbar. Entsprechend kommen an lokale Bedingungen angepasste Wirtschaftsweisen zum Ausdruck. Dargestellt sind hier Werte menschlicher Individuen aus küstennahen und küstenfernen Trichterbecher-Gemeinschaften im Vergleich zu solchen aus agrarisch orientierten Gruppen der Mittelgebirgszone (aus Galeriegräbern) und solchen aus aquatisch orientierten Gemeinschaften (Mesolithikum Dänemark).

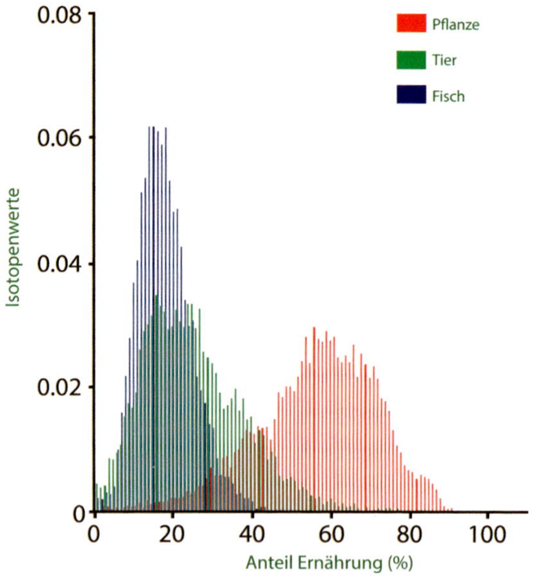

Der Anteil von Pflanzen, Landtieren und Süßwasserfischen an der Nahrung, wie sie die auf dem nordostdeutschen Friedhof Ostorf um 3300 v. Chr. begrabenen Menschen zu Lebzeiten verzehrt haben: Ricardo Fernandes entwickelte 2012 das Programm FRUITS, mit dem sich die realen Anteile von Nahrungskomponenten aus Isotopenwerten berechnen lassen.

Situation des Fundplatzes neben pflanzlicher Nahrung insbesondere marine Ressourcen ausgebeutet wurden. Die Daten entsprechen jenen, die etwa auch aus dem dänischen Gebiet vorliegen. Auch dort zeigen neolithische Küstensiedlungen niedrigere ^{13}C-Werte als Inlandssiedlungen. In Wangels lässt sich ebenfalls eine Ausbeutung terrestrischer als auch mariner Ressourcen erkennen. 2. Zwei Werte aus Dolmen auf Rügen entsprechen den oben genannten Ergebnissen auf Öland. Sie verweisen auf die marine Orientierung der Küstengruppe und damit auf ihre sehr variable Wirtschafts- und Ernährungsweise. Weitere Daten von Rügen aus dem Großdolmen von Alt-Reddevitz lassen auch im Jungneolithikum einen relativ hohen Anteil nicht terrestrischer Nahrung erkennen, wobei sich eine ähnliche Tendenz hin zur stärkeren Ausbeutung terrestrischer Ressourcen abzeichnet. 3. Auch Daten von anderen nordostdeutschen Orten zeigen dieses Bild. Aus den Inlandsfundplätzen Stolpe 11 und Laschendorf 8 (ca. 3800 v. Chr.), Neuefled 17 (ca. 3850 v. Chr.) und Plau 1 (ca. 4100 v. Chr.) liegen Werte vor, die eine eher terrestrische Ernährung andeuten, während aus Stralsund 225, Mischwasserspeicher (ca. 3600 v. Chr.) und Ostorf (ca. 3200–2900 v. Chr.), also nahe der Küste oder an einem großen See, die aquatische Ernährung größeren Anteil hatte.

So können wir feststellen, dass die Ernährungsweise der trichterbecherzeitlichen Bevölkerungsgruppen stark von den ökologischen Bedingungen der Umgebung abhängig war. Grundsätzlich deutet sich bei den allermeisten Fällen eine Mischernährung an, die, abhängig von der Entfernung zur Küste oder einem Gewässer, mal eine höhere, mal eine niedrigere aquatische Komponente beinhaltet. Unterschiede zwischen Individuen aus Megalith- und Flachgräbern oder verschiedenen Megalithgrabtypen lassen sich dabei bisher nicht erkennen, auch nicht zwischen reicher oder ärmer ausgestatteten Beisetzungen. Entsprechend müssen wir beim derzeitigen Stand der Forschung akzeptieren, dass sozial bedingte Ernährungsunterschiede, wie sie z. B. aus frühbronzezeitlichen bis mittelalterlichen Kontexten bekannt sind, bei den Trichterbecherkulturen derzeit nicht greifbar sind.

Die Welt der Ahnen

Flachgräber und nichtmegalithische Langhügel

Menschen der Trichterbecherkulturen fanden sehr unterschiedliche Antworten auf die Frage nach der Bedeutung und den Umgang mit dem Tod. Sie sind bekannt für oberirdische Grabmonumente, seien es nichtmegalithische Langhügel oder vor allem Großsteingräber, von denen heute im nordmitteleuropäischen Raum noch rund 5000 existieren. Ursprünglich ist von ungefähr einer halben Million Anlagen in Südskandinavien und Nordmitteleuropa auszugehen. Dennoch betrachten wir zunächst nichtmegalithische Einzel- und Flachgräber, die teilweise älter sind als die trichterbecherzeitlichen Megalithgräber und die uns auch bereits in Zusammenhang mit Siedlungsbefunden begegnet sind.

Mesolithische Flachgräber und Muschelhaufen

Flachgräber bzw. Gruppen von nichtmegalithischen Flachgräbern sind im norddeutsch-südskandinavischen Raum schon aus mesolithischer Zeit bekannt und kulturprägend. Im Gegensatz beispielsweise zu Südosteuropa, aber auch dem übrigen Mitteleuropa finden wir Flachgräber und Friedhöfe in den unterschiedlichsten mesolithischen Gesellschaften, auch im der Trichterbecherzeit vorausgehenden Ertebølle. So war es z. B. an den Küsten Seelands oder auch an den Inlandseen Schonens üblich, die eigenen, teils bereits ganzjährig genutzten Siedlungsplätze durch Gräber zu kennzeichnen, die sich manchmal am Hang oder auf der Anhöhe nahe der Siedlungen befanden. Bestes Beispiel hierfür sind Siedlung und Grabgruppen im schonischen Skateholm oder aber auch verschiedene räumliche Konstellationen auf Seeland. Bei diesen Gräbern handelt es sich um Einzel-, Doppel- oder auch Mehrfachbestattungen, die als einfache Erdgrubengräber in den Boden eingebracht wurden. Die Bestattungen selbst liegen, sofern Skelette erhalten sind, gestreckt auf dem Rücken. Beigaben des täglichen Lebens, aber auch besondere Objekte sind bekannt. Neben menschlichen Beisetzungen gibt es in Skateholm auch Hundebestattungen, die ebenfalls teils reiche Beigaben enthalten. Immer wieder werden solche besonderen Gräber mit Schamanismus in Verbindung gebracht.

Wenngleich zahlreiche der Ertebøllegräber nahe von Lagerplätzen oder Siedlungen entdeckt wurden, fehlen bisher mesolithische Grabfunde in Hütten oder direkt im Siedlungsareal. Häufiger sind Bestattungen in siedlungsnahen Muschelhaufen, die als Abfallhaufen bis zu 125 m lang, 15 m breit und 1,5 m hoch waren. Ihre weiß-graue Farbe dürfte über weite Distanz erkennbar gewesen sein und mit den eingebrachten Bestattungen Plätze markieren, an denen sinnbildlich profanes und rituelles Leben zusammentraf.

Unabhängig davon ist allerdings darauf hinzuweisen, dass sich diese über Jahrhunderte existierende

Halsko-Fjord/Korsør Nord am Großen Belt. Zentralsiedlung mit herausragender Lage der Gräber oberhalb der Siedlungs- und Aktivitätszonen, die zum Ufer mit Fischzauninstallationen abschließen (älteres Ertebølle).

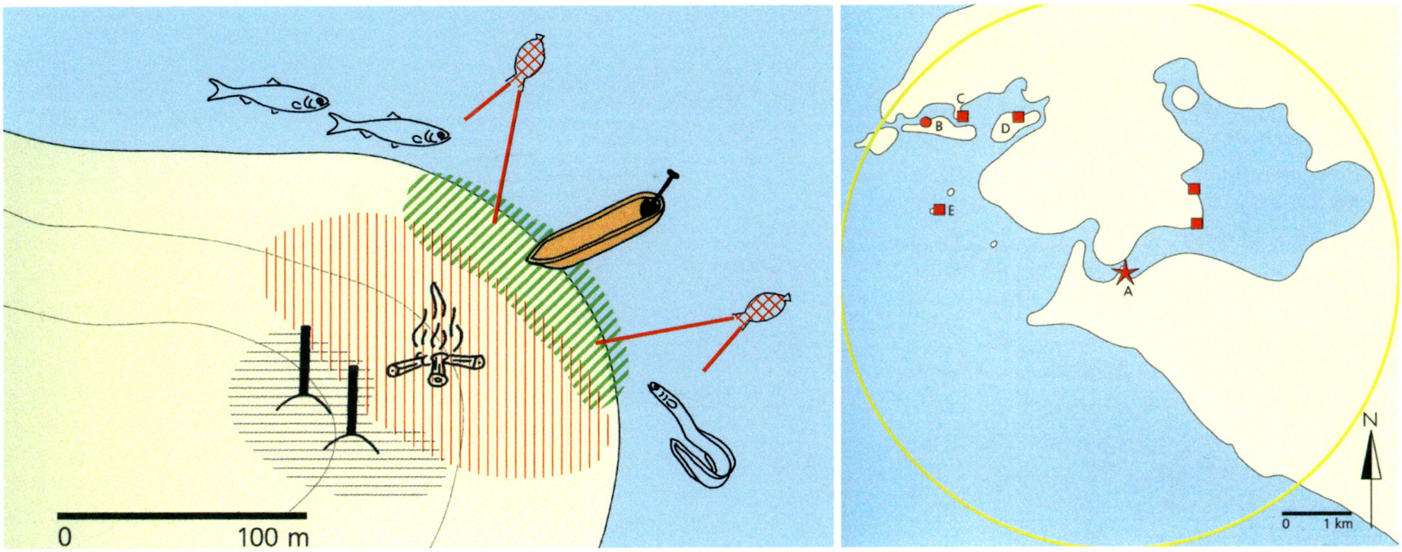

und sich formende Welt des sesshaften norddeutschen und südskandinavischen Wildbeutertums stetig veränderte. Zwischen 4300 und 3800 v. Chr. finden wir kaum noch Flachgräber oder individuelle Bestattungen in Muschelhaufen. Diese spürbare Verringerung von Flachgräbern betrifft sowohl das späte Ertebølle als auch die frühe Trichterbecherkultur, wenn man von wenigen Bestattungen in Muschelhaufen absieht.

Einzelgrab vom Typ Konsens Høj (Fintbek LA 3 bei Kiel). Im Inneren ist das Steinpflaster erkennbar, das auf seinen Breitseiten zwei massive Pfosten für die zeltartige Dachkonstruktion aufwies. Unter dem Dach lag die Leiche auf dem Steinpflaster.

Vielfältige Flachgräber der Trichterbecherzeit

Anders als mesolithische Bestattungen, die nur als Erdgrubengräber bekannt sind, weisen trichterbecherzeitliche Flachgräber eine breite Vielfalt an Formen auf. Neben einfachen Erdgrubengräbern gibt es solche mit Holzeinbauten, Bohlen-, Steinrahmen-, Steinpackungs-, Steinkisten- und Steinplattengräber sowie spezifische Gräber z. B. vom Typ Konsens Høj, bei denen zwei Giebelpfosten ein zeltartiges Dach markieren. Während wir Erdgrubengräber aus allen Zeiten der Trichterbecherkulturen vorfinden, sind Gräber mit kammerartigen Holzeinbauten, die auch Steinschutz von außen aufweisen können, primär aus der mittleren Trichterbecherkultur (3600–3200 v. Chr.) bekannt. Steingräber mit Steinpflaster oder Steinrahmen stammen erneut aus allen Phasen der Trichterbecherzeit, wobei besondere Formen wie die größtenteils in der Trichterbecherwestgruppe verbreiteten Feldsteinkisten zwischen 3500 und 3200 v. Chr. sowie die westlich der Elbe und in der Uckermark bekannten Plattenkisten etwa 3500 bis 3000 v. Chr. errichtet wurden. Auch Kombinationen aus Holz- und Steineinbau datieren primär 3600 bis 3200 v. Chr. Somit ergibt sich hauptsächlich in der mittleren Trichterbecherzeit, zugleich die Hauptphase der Megalithgräber, eine erstaunliche Vielfalt unterschiedlicher Grabformen.

Interessanterweise kommen sowohl auf der kimbrischen Halbinsel als auch in der Trichterbecherwestgruppe gestreckte Bestattungen relativ früh vor, z. B. in Dragsholm oder in nichtmegalithischen Langhügeln. Dies erklärt sich mit einer mesolithischen Tradition, die nur Schritt für Schritt durch die Praxis der Hockerbestattung abgelöst wurde. Im Gegensatz dazu scheint in Schleswig-Holstein und Mecklenburg-Vorpommern auch zu Beginn der Trichterbecherentwicklung die Hockerbestattung bekannt gewesen zu sein, wohl aufgrund der bereits erwähnten mitteldeutschen Einflüsse, und erst ab der mittleren Trichterbecherphase auch der Rückenstrecker. Gegen Ende der Trichterbecherkultur, zumindest in der Westgruppe, zeichnet sich eine Dominanz von Brand- gegenüber anderen Bestattungen ab.

Insgesamt werden bei Flachgräbern aus nichtmegalithischen Zusammenhängen gewisse Grundtendenzen sichtbar. So ist es gerade die mittlere Trichterbecherkultur, in der sowohl in der Nord- als auch der Westgruppe komplexe Grabformen und Bestattungssitten nebeneinander existierten und sich ent-

Neben aufwendigen Einzelgräbern finden sich auch einfache: hier die Grubenverfärbung eines einfachen Erdgrubengrabs aus Borgstedt LA 30 (mittlere Eider, Schleswig-Holstein).

Zahlreiche neolithische Grabtypen wurden gleichzeitig genutzt. Auf den nordfriesischen Inseln sind dies nichtmegalithische Langhügel (1: Tinnum LA 37), Flachgräber (2: Morsum LA 2), erweiterte Dolmen (3: Utersum LA 19, 4: Sylt-Ost Keitum LA 70, 5: Kampen LA 180) und Ganggräber (6: Kampen LA 2, 7 Wenningstedt-Denghog LA 85). Der Flachgräberfriedhof von Morsum LA 2 war unter einem bronzezeitlichen Grabhügel erhalten geblieben.

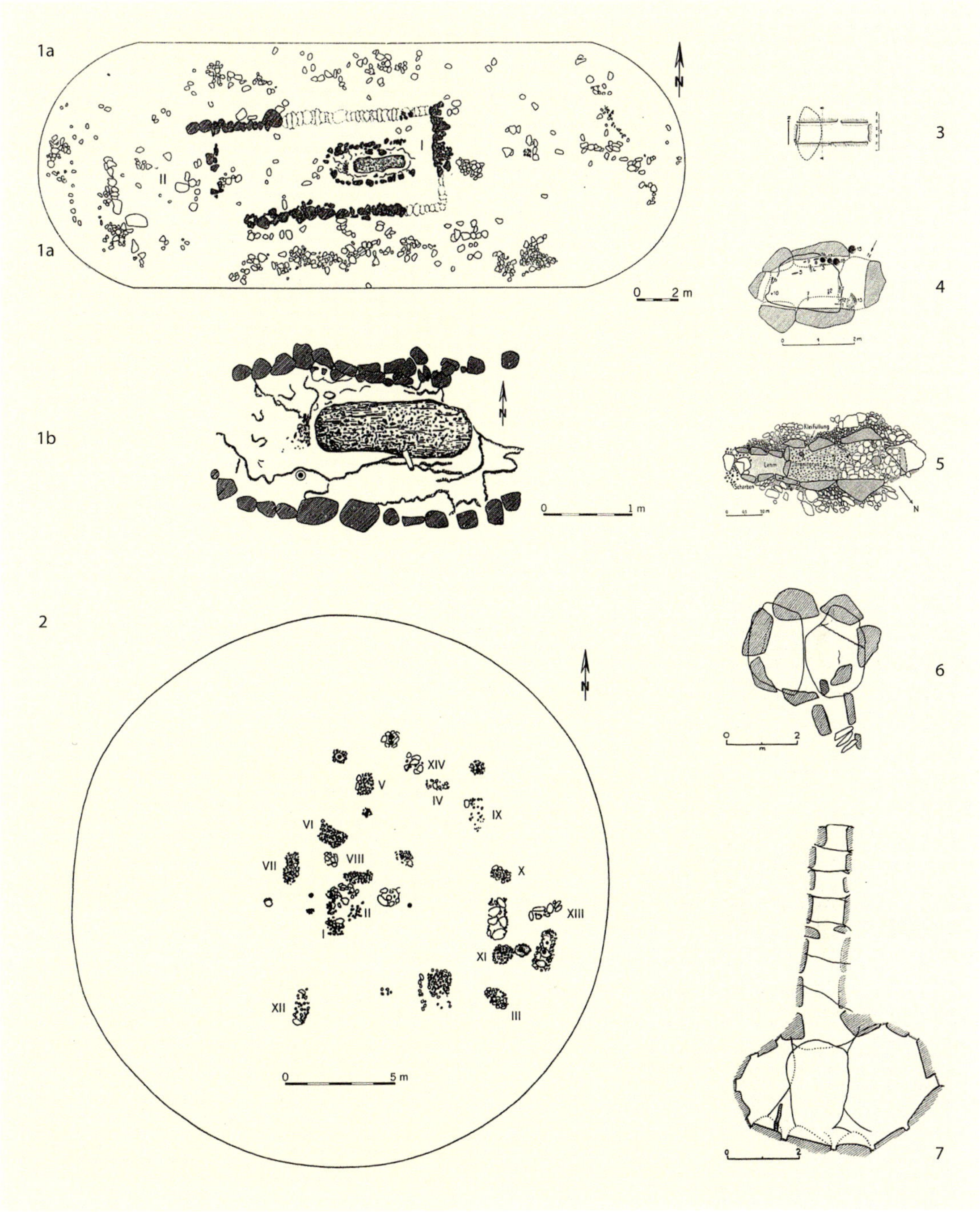

wickelten. Die Vielfalt an Gräbern mit giebelartigen Zeltkonstruktionen, Steinschutz- und Steinkistengräbern, dazu Holz/Stein-Konstruktionen nimmt ab 3600 v. Chr. erheblich zu. Was die Größe der Flachgräbergruppen betrifft, ist zumindest in der Westgruppe ein Wandel von Grabgruppen mit bis zu zehn Einzelgräbern 3650 bis 3000 v. Chr. hin zu solchen mit bis zu 30 Bestattungen danach bemerkenswert. Dies wird mit der veränderten Größe der Sozialgruppe in Verbindung gebracht.

Grundsätzlich ist es nur ein kurzer Weg vom Holz- zum Steinkistengrab und weiter zum kleinen Dolmen. Dieser Schritt, der sich im seeländischen Barkaer und auf Seeland mit entsprechenden Befunden andeutet, wurde offensichtlich auch in Schleswig-Holstein früh vollzogen: Die Kleindolmen von Borgstedt und die relativ frühen Daten aus kleinen Megalithgräbern verweisen auf die Entstehung dieser neuen Grabform noch am Ende der älteren Trichterbecherkultur, womöglich um 3800/3700 v. Chr. Durchsetzen wird sie sich allerdings erst ab 3650 v. Chr.

Nordfriesland: Ganggräber als Konzentration der Macht

Die nordfriesischen Inseln wurden genauer untersucht, um mehr über die soziale Entwicklung herauszufinden. Entsprechende Trichterbechergemeinschaften sind dort seit spätestens 3500 v. Chr. angesiedelt und vollziehen eine intensive, kontinuierliche Entwicklung bis ca. 2800 v. Chr. Die »Geestkerne« der heutigen Inseln Amrum, Föhr und Sylt als ursprüngliche Siedlungskerne waren zunächst noch durchgehend mit dem Festland verbunden, dann aber spätestens ab 3200 v. Chr. durch Meereseinbrüche und Lagunenbildungen vom Hinterland abgeschnitten. Diese Veränderungen sind nicht ohne Auswirkungen auf die neolithischen Gemeinschaften geblieben.

Zumindest um 3500 v. Chr. können wir das Nebeneinander unterschiedlichster Grabformen beobachten, z. B. ein Flachgräberfeld bei Morsum LA 2, erste kleinere Dolmen und Steinplattengräber wie in Utersum LA 19 und einen nichtmegalithischen Langhügel bei Tinnum LA 37. Insgesamt zeichnet sich bei einer erheblichen Zahl von Fundplätzen eine Vielzahl an Bestattungssitten ab. Wir erkennen Einzelhöfe, deren Hinterlassenschaften bisher nur über schüttere Flintauflesungen dokumentiert sind, und Menschen, die in Gräbern, auch den ersten einfachen Megalithgräbern, bestattet wurden. Mit Letzteren entstehen oberirdische Monumente, die ab sofort auch die Landschaft dominieren. Auf die besondere Rolle des Grabs von Utersum LA 19 – als »Hybrid« zwischen Flachgräbern und Megalithgräbern, aber auch zwischen Einzel- und Kollektivgräbern – wurde bereits hingewiesen.

Im Laufe der ungefähr zehn Generationen andauernden Entwicklung lässt sich feststellen, dass die Anzahl der Gräber abnahm, aber dafür die Anlagen größer wurden und sich von Dolmen zu Ganggräbern wandelten. Etwa um 3200 v. Chr. etablierte sich ein Zustand, bei dem der Einsatz von Energie zentralisiert wurde und nur noch an wenigen Stellen auf den jetzigen Inseln die Möglichkeit bzw. das Recht bestand, entsprechende Monumente zu errichten. Mit dieser Zentralisation der Macht geht eine verlängerte Belegungsdauer der Megalithgräber einher: Ganggräber werden durchschnittlich länger genutzt, länger, als Dolmen vorher in Verwendung gewesen waren. Ob die Veränderung des Grabbaus und der räumlichen Gestaltung der Landschaft zugleich mit einem Wandel im Siedlungswesen verbunden war, muss zumindest für die nordfriesischen Inseln offen bleiben; die Aussagekraft der Siedlungsbefunde ist zu gering. Grundsätzlich wird jedoch erkennbar, dass sich die Belegungsdauer nach Ausweis der Beigaben von etwa sechs auf rund 12 Generationen erhöht hat – also weit über die Zeit hinaus, in der Großsteingräber errichtet wurden. Mit diesem Phänomen sind weitere Veränderungen der Gesellschaft verbunden. Tatsächlich ist festzustellen, dass sich in den Grabkammern der Anteil von waffenfähigen Beigaben gegenüber »Konsumgütern« erhöht. Gerade deren Verwendung in rituellen Zusammenhängen bestätigt, dass Aspekte der »Gewalt« in der jüngeren Trichterbecherzeit, zumindest auf den nordfriesischen Inseln, immer bedeutender werden. Entsprechende »Waffengräber«, die wohl ab 3000 v. Chr. vermehrt vorkommen, werden innerhalb von etwa fünf Generationen zum dominierenden Aspekt einer neuen Gesellschaft: Im Jungneolithikum tritt die Individualisierung des Todes in den Vordergrund.

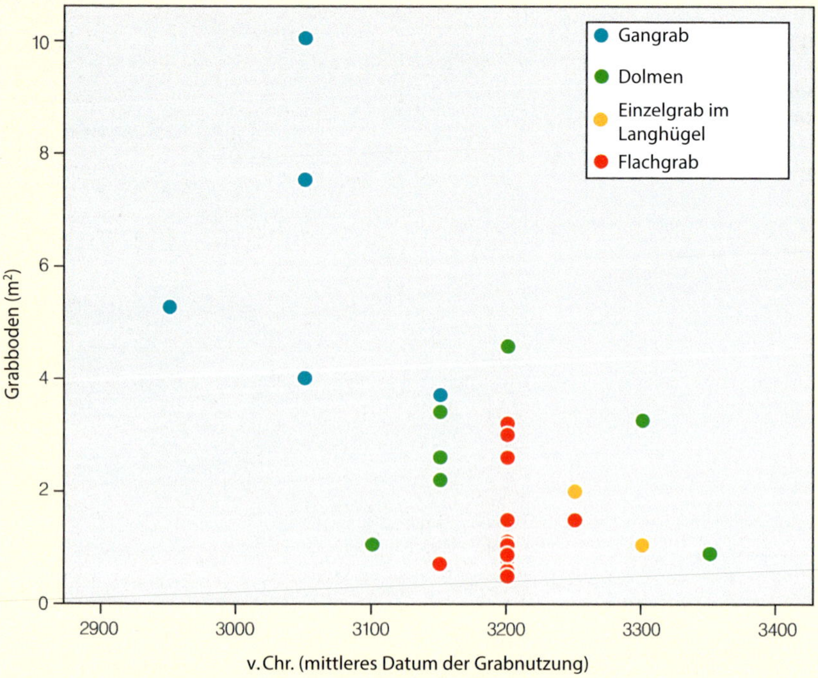

Auf den heutigen nordfriesischen Inseln nimmt die Größe der Grabkammern im Laufe der Jahrhunderte zu, die Anzahl der errichteten Gräber ab. Dies ist die Folge einer Konzentration der Macht, die sich auf wenige rituelle Plätze beschränkt und einen jeweils erhöhten »Einsatz« der Bevölkerung für kommunale Aktivitäten erfordert.

Nichtmegalithische Langhügel

Zu den frühesten Grabmonumenten in Nordmitteleuropa und Südskandinavien gehören keineswegs Megalithgräber, sondern die nichtmegalithischen Langhügel. Dabei handelt es sich um meist etwa 5 bis 10 m breite und 40 bis 50 m lange, west-östlich ausgerichtete Einhegungen bzw. Erdhügel. Sie weisen verschiedene Einbauten für rituelle Praktiken auf, die mit Votivgaben oder Begräbnissen in Verbindung stehen. Dieses Konzept des »Langhügels« wurde bereits in den 1950er Jahren von Ernst Sprockhoff im Zusammenhang mit langrechteckigen Einfassungen im Sachsenwald diskutiert. Er verknüpfte diese nichtmegalithischen Langbetten bereits mit trapezförmigen Grabhügeln, die im kujawischen Sarnowo aus-

Verbreitung nichtmegalithischer Langhügel in Europa. Während in Mitteleuropa, Skandinavien und Nordwesteuropa entsprechende Anlagen ab ca. 3800 v. Chr. bekannt sind, findet sich ein anderer Typ nichtmegalithischer Langhügel bereits ab ca. 4800 v. Chr. in Zentral- und Westfrankreich.

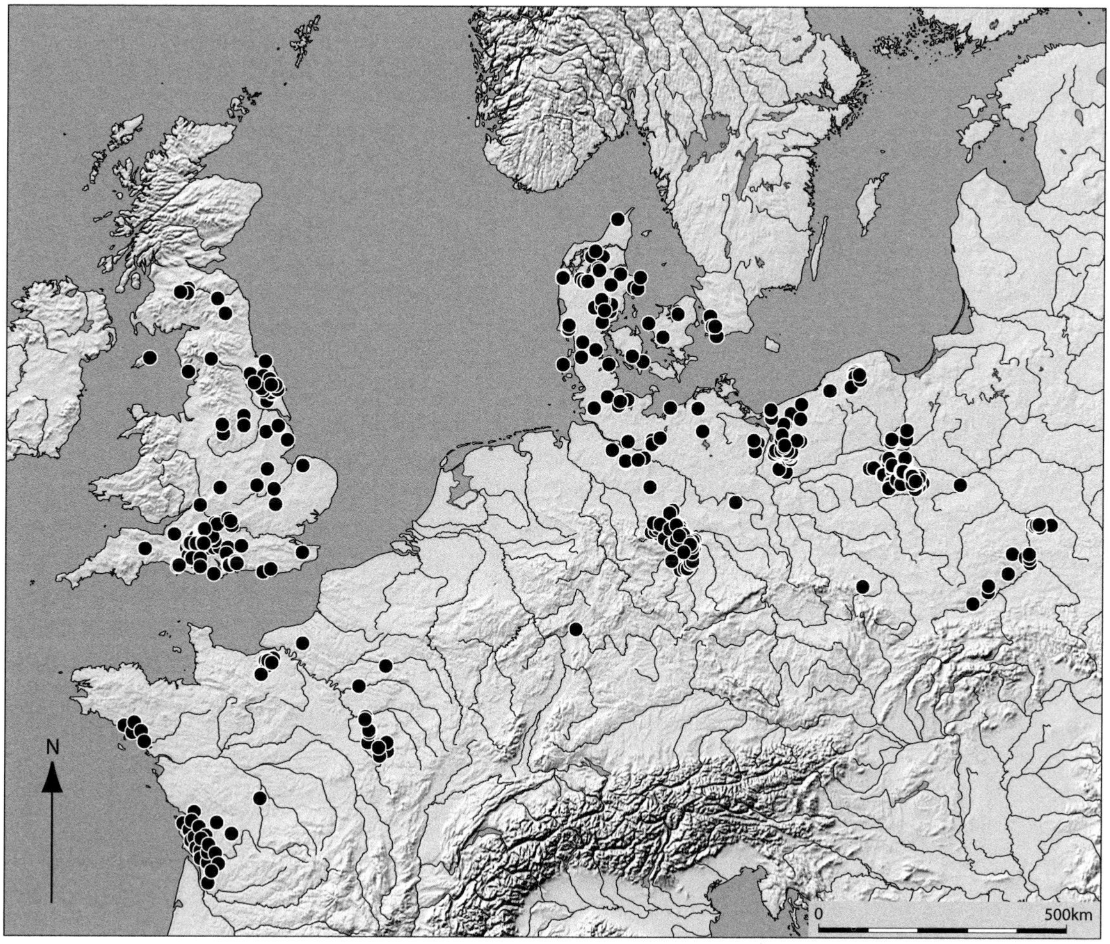

gegraben worden waren, die aber auch im Pariser Becken bzw. in der Bretagne und Normandie vorkommen, z. B. der Langhügel von St. Michel. In den Fokus der Forschung rückten entsprechende Langhügel allerdings hauptsächlich durch einen Aufsehen erregenden Artikel von Mats Madsen 1979, der jütländische Langhügel mit solchen auf den Britischen Inseln verglich. Tatsächlich konnten trotz der individuellen Unterschiedlichkeit jedes Fundplatzes Grundprinzipien erkannt werden, die aufgrund der Distanz durch die Nordsee überaus erstaunlich wirken. So wurde jede Anlage offenbar nicht einmalig angelegt, sondern als Abfolge unterschiedlicher Aktivitäten und Baumaßnahmen. Sowohl dies- als auch jenseits der Nordsee begannen die Konstruktionen mit einer Einhegung, die aus Pfostensetzungen, Flechtwänden oder auch kleineren Steinen bestehen kann. Die Einhegungen sind meist entweder rechteckig oder trapezförmig, wobei sich im letzteren Fall die längste Breitseite immer im Osten der ost-westlich ausgerichteten Architektur befindet. Die östliche Seite ist stets der Bereich, wo Opferungen stattfanden, Feuer brannten und manchmal auch Tier- oder Menschenknochen in Gruben niedergelegt wurden. Auch existieren an einzelnen Fundplätzen riesige Eichenpfosten, die das Grab weithin sichtbar machen. In der eingehegten Fläche stehen oft axial ausgerichtete Häuser bzw. Totenhäuser, in deren Mitte sich ebenfalls Gruben mit Bestattungen befinden, teilweise auch Steinpackungsgräber. Sowohl die Häuser als auch die Pfostensetzungen, zusammen mit Fassade und Einhegung hat man häufig abgebrannt, bevor der eigentliche Erdhügel aufgeschüttet wurde. Somit handelt es sich bei den »nichtmegalithischen Langhügeln« um die Hinterlassenschaften komplexer Rituale, in deren Zusammenhang Einzel- bis Mehrfachbestattungen, aber niemals Kollektivbestattungen vorgenommen wurden. Im Gegensatz zu megalithischen Kammergräbern ist der Bestattungsraum nicht offen für weitere Beisetzungen, sondern ein abgeschlossenes Grab. Die Konstruktion der erwähnten britischen und dänischen Anlagen, aber auch der bereits von Sprockhoff beschriebenen Monumente im Sachsenwald begann etwa im 39. Jh. v. Chr.

Heute, rund 70 Jahre nach den ersten wissenschaftlichen Diskussionen, hat sich das Gebiet der Langhügel erheblich vergrößert. Die Verbreitungskarte umfasst Schonen, die Dänischen Inseln, die kimbrische Halbinsel, Nordwestdeutschland und das nördliche Polen. Inzwischen kennen wir solche Grabmonumente aber auch aus Südpolen und dem Mittelelbe-Saale-Gebiet, aus Mähren und Tschechien. Zu jenen in Kontinentaleuropa gesellen sich die erwähnten Anlagen in Schottland, Yorkshire und Südengland. Bau und Konstruktion der inzwischen nachgewiesenen 147 nordmitteleuropäisch-südskandinavischen Anlagen fällt in die Zeit von 3800 bis 3400 v. Chr.

Die ursprünglich im Zusammenhang mit den nordmitteleuropäischen Fundplätzen diskutierten armorikanischen und anderen französischen Langhügel sind hingegen bis zu 1000 Jahre älter. Auch wenn diese Bautypen vom zentralfranzösischen Langhügeltyp Passy ganz ähnlichen rituellen Prinzipien folgen, lassen sie sich chronologisch nicht mit unseren Monumenten in Verbindung bringen. Eine zeitliche Lücke von mehreren Jahrhunderten trennt die westfranzösische von der nordmitteleuropäisch-südskandinavischen Entwicklung. Genauso erstaunlich wie diese strukturell ganz ähnlich vonstatten gehenden Prozesse im Westen ist die Übereinstimmung mit den genannten Plätzen auf den Britischen Inseln. Bisher lassen sich keine Langhügel an der südlichen Nordseeküste finden, die den räumlichen Korridor überbrücken würden. Auch gibt es keine gemeinsamen Fundtypen – die wenigen Trichterbecherscherben, die von den Britischen Inseln bekannt sind, können eindeutig als Sammlerstücke der letzten beiden Jahrhunderte angesprochen werden. Erste spärliche Hinweise auf eine mögliche Hochseeschifffahrt setzen erst im 36. Jh. v. Chr. ein, sodass zurzeit an eine di-

Teilstück der Einhegung von Borgstedt LA 22 in Form von Doppelpfostensetzungen.

Nichtmegalithische Einhegungen und Langhügel eines Friedhofs in Borgstedt wurden im Laufe der Zeit teilweise in megalithische Anlagen umgewandelt. Bei den Hügelbegrenzungen handelt es sich zumeist um Materialentnahmegruben oder Pfostensetzungen.

Rekonstruktion des pfosteneingehegten Langbetts Borgstedt LA 22. Die nichtmegalithische Einhegung wurde um 3800 v. Chr. errichtet, der megalithische Dolmen ca. 150 Jahre später. Bei Langhügeln erkennen wir oft ein langwieriges Ritual, das von Einhegungen zu Einhegungen mit Erdhügel und schließlich zu weiteren Begräbnissen führt.

rekte Nordseeüberquerung nicht zu denken ist. Auch die wenigen möglicherweise verbliebenen Inseln der Doggerbank bieten keine gangbare Verbindung.

Unabhängig von den grundsätzlichen Übereinstimmungen in der Grabweise lassen sich durchaus erhebliche Unterschiede zwischen den einzelnen Regionen erkennen. Bei den südskandinavischen Typen stehen die unterschiedlichen Holzbauten stark im Vordergrund, seien es die abgebrannten Totenhäuser, verschiedene Pfostensetzungen oder aber auch die Feuerstellen. Keramikdeponierungen im östlichen Teil sind relativ häufig. An Fundplätzen wie in Barkaer auf Seeland deutet die Einteilung des Hügelbereichs auf die Beteiligung verschiedener Gruppen beim Bau der Anlagen hin. In Nordostdeutschland und der südlichen kimbrischen Halbinsel besaßen nichtmegalithische Langbetten offensichtlich schon recht früh eine Steineinfassung. In Albersdorf-Bredenhoop und Lüdelsen 6 wurden natürliche Geländeerhebungen zu einem Langhügel erhöht und dort mehrere Feuer abgebrannt. Die mit 220 m längsten Anlagen wurden im westmecklenburgischen Strahlendorf entdeckt. Die kujawischen Exemplare vom Typ Sarnowo bilden oft Gruppen, wobei sich die Längsachsen der Trapezgrabhügel auf einen gemeinsamen Punkt ausrichten. Die Bestattungen liegen hier ebenfalls zumeist im östlichen Teil. Weiter südlich im mitteldeutschen Raum kennen wir Anlagen mit Palisadengräben bzw. mit Trockenmauern in Mähren.

Verlockend ist die Vorstellung, die nichtmegalithischen Langhügel aufgrund ihrer oft trapezförmigen Gestalt aus trapezförmigen Langhäusern abzuleiten, wie dies verschiedentlich in der Literatur versucht wurde. Insbesondere in Polen kennen wir trapezförmige Langhäuser vom Typ Brzesz Kujawsk, die den trapezförmigen Grabanlagen vom Typ Sarnowo zu entsprechen scheinen. Doch existiert derzeit eine chronologische Lücke von ca. 700 Jahren zwischen den genannten Langhäusern und den Langgräbern. Entsprechendes ist auch in anderen Regionen der Fall, sodass eine direkte Umsetzung des Gedankens »Haus der Lebenden« zum »Haus der Toten« nicht beweisbar ist. Neben der Idee, dass Langhäuser als Vorbilder der Langhügel dienten, werden auch die mesolithischen Muschelhaufen als Kandidaten für deren Vorläufer betrachtet. Entsprechende Muschelhaufen mit Bestattungen kommen im südskandinavischen Raum vor; eine solche Umsetzung ist z. B. im dänischen Bygholm erkennbar. Die Nutzung der Muschelhaufen endet zu einer Zeit, als verstärkt Langhügel errichtet wurden.

In Norddeutschland lassen sich Kontinuitätslinien von nichtmegalithischen zu megalithischen Anlagen verfolgen: Der Einbau nicht nur von Steinkisten, sondern von Dolmen und später Ganggräbern, dazu die Verstärkung der Umrisse durch Einhegungen, verwandelte die Plätze teilweise in mächtige megalithische Monumente. Ebenso fällt auf, dass Einzelgräber unter individuellen Grabhügeln von langrechteckigen Steineinhegungen eingefasst wurden und so weitere Langhügel entstanden: Langhügel blieben also grundsätzlich ein Element der ab 3650 v. Chr. entstehenden megalithischen Landschaft Norddeutschlands.

Dolmen und Ganggräber

Die Architektur

Neben den dargestellten Flachgräbern und nichtmegalithischen Monumenten ist die norddeutsche und südskandinavische Landschaft geprägt von noch rund 5000 erhaltenen Megalithgräbern. Für diese besteht trotz hin und wieder geäußerter Kritik eine prinzipiell noch immer gültige Gliederung in Dolmen und Ganggräber. Die Grabkammern der Ersteren markieren im Gegensatz zu Steinkisten einen für Bestattungen offenen Raum, der jedoch nicht über einen separaten Gang zugänglich ist. Letztere besitzen einen Gang, der als Zwischenschritt den Weg des Leichnams von der Welt der Lebenden in die Kammer als Welt der Toten symbolisiert.

Die Verbreitung von Dolmen, Ganggräbern, aber auch von nichtmegalithischen Langbetten ist von Region zu Region recht unterschiedlich. Es gibt Trichterbechergebiete ohne Monumentalbauten wie etwa das schwedische Hinterland, Bereiche mit einer Dominanz von Dolmen und andere mit vorherrschend Ganggräbern. Auch existieren Kleinregionen nur mit Dolmen und andere nur mit Ganggräbern. Tatsächlich ist ein zeitliches Nebeneinander der beiden Grabformen anzunehmen, doch ist auch klar, dass die »einfachen« Dolmen in vielen Gebieten früher vorkamen als Ganggräber.

Grundsätzlich lassen sich seit Ekkehard Aners Studien 1963 vier Dolmentypen unterscheiden:

Haupttyp 1: »meist allseitig geschlossene, kistenförmige Rechteckdolmen«, die einjochig als »Urdolmen« bezeichnet werden, aber bis zu zwei Joche besitzen können.

Haupttyp 2: »stets offener, zum Teil mit halbhohem Eintrittsstein versehener Rechteckdolmen«, oft in Rundhügeln oder in Langbetten, die quer zur Achse der Grabkammer angelegt sind.

Haupttyp 3: Viereck- oder Polygonaldolmen, mit manchmal kleinem Gang, zumeist in Rundhügeln; wenn in Langhügeln, dann quer zur Achse.

Haupttyp 4: Erweiterte Dolmen, die mehr als zweijochig sind und in manchen Fällen zusätzlich einen kleinen Gang an der Längsseite aufweisen.

Die Variationsbreite dieser vier Haupttypen und die Überlappung der Charakteristika ist groß, teilweise bedingt durch die unterschiedlichen Größen

Der erweiterte Dolmen von Lüdelsen 6 (Altmark, Sachsen-Anhalt) aus der Zeit um 3650 v. Chr. während der Ausgrabung.

Der Boden eines Miniaturdolmens in Borgstedt.

oder auch Eigenschaften des Baumaterials. Grundsätzlich sprechen wir auch von einfachen und erweiterten Dolmen: Einfache sind einjochig, erweiterte mehrjochig. Hinzu kommen Polygonaldolmen.

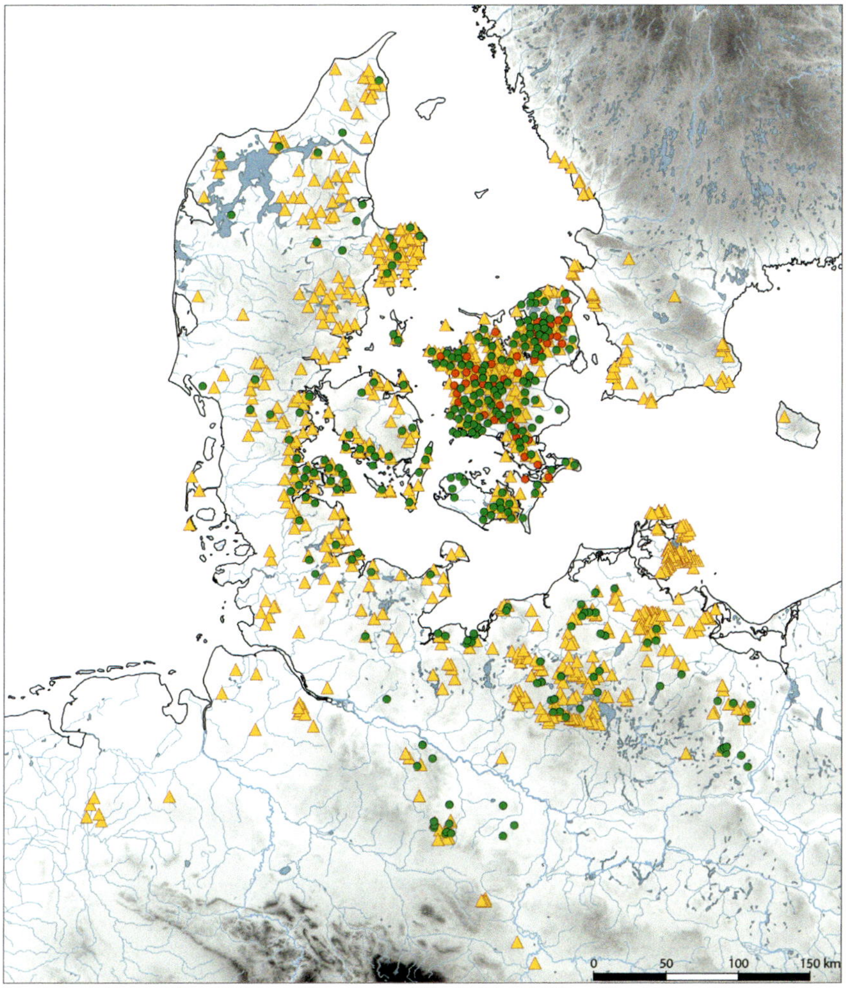

Die Verbreitung von kleinen, einfachen Rechteckdolmen (rot) bzw. Rechteckdolmen (grün) und erweiterten bzw. Großdolmen (gelb) legt eine Entstehung der ersten Megalithen im westlichen Ostseegebiet nahe, was die wenigen Stratigrafien und naturwissenschaftlichen Datierungen bestätigen.

Dolmen sind in großen Teilen des Trichterbechergebietes verbreitet. Tendenziell werden sie südlich und westlich begrenzt durch den südlichen Abschluss der Endmoränenzüge der letzten Eiszeit, sodass sie hauptsächlich nördlich einer von Ostholstein über die Mecklenburgische Seenplatte bis zum Oderknie reichenden Linie vorkommen.

Die Verbreitung der einzelnen Dolmentypen ist recht unterschiedlich. Einfache Rechteckdolmen finden sich im westbaltischen Raum in losen Konzentrationen von der Uckermark über die Mecklenburgische Seenplatte, Ostholstein und Schleswig bis vor allem auf die Dänischen Inseln. Die größte Dichte ist auf Seeland erkennbar. Vor allem die besonders kleinen, zumeist geschlossenen Rechteckdolmen mit einer Länge unter 1,4 m und einer Breite von weniger als 0,8 m konzentrieren sich hier.

Dagegen sind Polygonal- und erweiterte Dolmen viel weiter gestreut. Wenngleich ihr eigentliches Verbreitungsgebiet über das der einfachen Rechteckdolmen hinausreicht, sind darüber hinaus klare räumliche Schwerpunkte festzustellen: So konzentrieren sich Polygonaldolmen z. B. in Nordostjütland und Nordseeland, Rechteckdolmen kommen in der Dänischen Südsee, Großdolmen in Vorpommern und auf Rügen vor.

Was die zeitliche Abfolge der Dolmentypen betrifft, so erscheinen folgende Beobachtungen entscheidend:

- Im Langhügel Flintbek LA 3 konnte Doris Mischka eine Bausequenz rekonstruieren, die mit einem Steinrahmengrab vom Typ Konsens Høj (Grab A) begann, von einem weiteren dieser Art fortgeführt wurde, bis schließlich zusätzlich Dolmen hinzugefügt wurden (s. S. 44). Die aus Hügeln bestehende Sequenz wurde schließlich von drei Rechteckdolmen abgeschlossen, bis ein vierter, jetzt schon größerer Rechteckdolmen hinzukam. Der Bau erfolgte zwischen 3500 und 3425 v. Chr., die Nutzung der Gräber und Dolmen reichte bis ca. 3360 v. Chr. Die bereits erwähnten Wagenspuren datieren etwa 3460 bis 3385 v. Chr.
- In Borgstedt befindet sich neben einem nichtmegalithischen Langhügel auch ein megalithischer Rundhügel (ca. 12,5 m Durchmesser) mit einem 0,5 m in den Boden eingetieften erweiterten Dolmen (5,5 m × 5 m außen), der nach Ausweis der Keramik bereits vor 3800 v. Chr. genutzt worden war. Radiometrische Datierungen bestätigen diesen Zeitansatz ins 40. oder 39. Jh. v. Chr. Prinzipiell handelt es sich um einen zweijochigen Dolmen mit Zugang. Auch der im 37. Jh. v. Chr. eingetiefte Dolmen von Borgstedt LA 22 (4,5m × 3,5 m) ist ein- oder zweijochig (s. S. 59). Zusammenfassend stellt Fran-

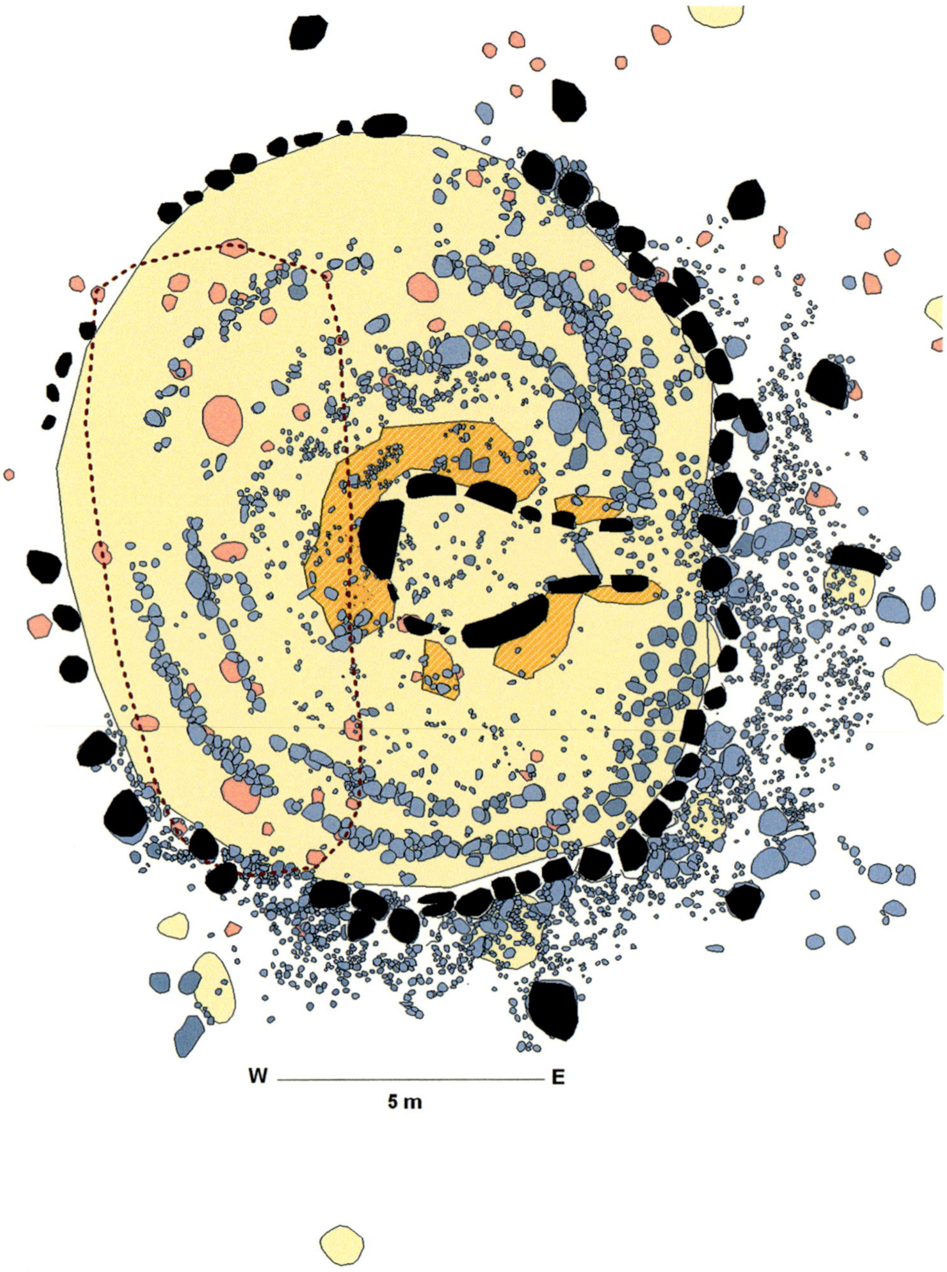

Der Grundplan eines Ganggrabs von Damsbo auf Fünen ist am Platz eines älteren Trichterbecherhauses vom Typ Mossby errichtet worden. Erkennbar sind die vielfältigen architektonischen Elemente der Hügeleinfassungen aus Steinreihen und Trockenmauerwerk.

ziska Hage für Borgstedt 2015 fest: »Zwischen 3960 und 3740 calBC wurden die ersten Gräber, ein nichtmegalithisches Langbett und ein megalithischer Rundhügel, auf dem Gräberfeld errichtet bzw. genutzt. In der zweiten Phase (3700–3650 calBC) wurde das nichtmegalithische Langbett LA 22 durch den Einbau eines Dolmens zu einem Megalithgrab umgebaut. Diese Kammer wurde im Folgenden ebenso wie die Kammern von LA 28 und LA 69 weiterbelegt. Gleiches gilt vermutlich für das Langbett LA 32. Diese Wieder- bzw. Weiternutzungen bilden die dritte Phase auf dem Gräberfeld.«

- Für Barkaer auf Seeland konnte David Liversage bereits 1992 den Übergang von hölzernen zu steinernen Konstruktionen, vor allem megalithischen Kistenstrukturen postulieren. Vermutlich haben sich aus den hölzernen Grabformen kleine megalithische Grabstrukturen entwickelt.
- Aus polygonalen Dolmen liegen vergleichbar frühe radiometrische Datierungen vor wie aus einfachen Rechteckdolmen. Offensichtlich handelt es sich bei beiden um ähnlich frühe Grabformen. Auch ein erweiterter Dolmen aus dem altmärkischen Lüdelsen 3 verweist auf eine entsprechend frühe Entstehung.

Konsequenterweise ergibt sich aus dem Gesagten eine mögliche Entstehungsgeschichte der einfachen Rechteckdolmen im nordischen Raum im Zuge einer Umstellung von Holz- auf Steingräber und des Ersetzens von Holzkisten durch megalithische Steinkisten und schließlich Rechteckdolmen. Zurzeit deutet einiges darauf hin, dass dieser Prozess in der Dänischen Südsee und auf der kimbrischen Halbinsel etwas eher stattfand als in der nordmitteleuropäischen Tiefebene, da die ^{14}C-Daten dort etwas früher zu sein scheinen (Büdelsdorf, Albersdorf-Brutkamp). Insgesamt beobachten wir einen Prozess, bei dem in allen Regionen die holzgebauten Flachgräber durch immer mehr Steinbauten ersetzt werden. Für die einfachen Rechteckdolmen ist dies an verschiedenen Orten leicht nachvollziehbar, für die erweiterten Dolmen und Polygonaldolmen noch nicht.

Unabhängig davon weisen alle radiometrischen Datierungen im norddeutschen und auch die meisten im südskandinavischen Raum darauf hin, dass zwischen ca. 3650 und 3350 v. Chr. Dolmengräber der »megalithische Standard« sind und erst danach mit Ganggräbern zu rechnen ist. Da sich Ganggräber typologisch aus einer architektonischen Reihe über offene Dolmen und insbesondere erweiterte oder Polygonaldolmen mit Andeutungen von längsaxialen Gängen ableiten lassen und auch Bestattungssitte und Fundspektrum jenen der Dolmen entsprechen, dürfte kein Zweifel an einer logischen Entwicklung vom Dolmen zum Ganggrab im nordmitteleuropäisch-skandinavischen Raum bestehen.

Vorbilder für Megalithgräber aus anderen Gebieten?

Suchen wir nach »auswärtigen« Vorläufern der nordischen Megalithgräber, so kommen hierfür drei Kandidaten in Frage: die aus dem nordwestfranzösischen Raum bekannte Megalithgrabentwicklung, die Galeriegräber am nördlichen Rand der mitteleuropäischen Mittelgebirgslandschaft oder Steinkisten, wie wir sie vereinzelt aus Mitteldeutschland kennen.

In der Bretagne und der Normandie lässt sich ab spätestens 4500 v. Chr. die Entwicklung von Ganggräbern fassen, die durchaus Vorbildfunktion für den norddeutschen Raum gehabt haben könnte. Entlang des geografischen Korridors zwischen diesem Gebiet und den westlichen Ausläufern der nordmitteleuropäischen Entwicklung liegen immerhin rund 500 km. Hinweise auf kulturelle Kontakte fehlen bislang – abgesehen von Objekten, die von Hand zu Hand weitergegeben wurden, wie beispielsweise Kragenflaschen, die offensichtlich im mitteleuropäisch-skandinavischen Raum ab ungefähr 3800 v. Chr. vorkommen und bei diversen Zeremonien eine entscheidende Rolle spielen. Es scheint sich um eine Grundidee zu handeln, die in lokalen und regionalen Abwandlungen zu unterschiedlich großen Exemplaren geführt hat. Sieben solcher Stücke fanden sich in der Bretagne u. a. in Großsteingräbern des angewinkelten Typs, die um 3800 v. Chr. erstmals errichtet wurden. Auch der weite Weg von Jadeitbeilen lässt sich bis nach Seeland verfolgen, offensichtlich allerdings eher über eine Kommunikationsroute entlang der Leine und nicht ausgehend von der Bretagne. Insofern dürften Gegenstände und Ideen in einem allgemein überregionalen Niveau ausgetauscht worden sein. Eine »bewusste« Beeinflussung des nordischen Gebiets durch den nordwestfranzösischen Raum ist auszuschließen.

Ebenso möglich wäre, dass die erwähnten Galeriegräber oder allées couvertes, also in den Boden eingetiefte rechteckige Kammergräber mit lateral vorgesetztem Vorraum, Modell für die nordmitteleuropäisch-südskandinavische Entwicklung standen. Tatsächlich stammen entsprechende Galeriegräber frühestens aus der Zeit um 3450 v. Chr., sodass hier zwar Wechselbeziehungen, aber keine Vorbildfunktion für die nordische Megalithgrabentwicklung angenommen werden können. Einzig die Baalbergischen Steinkisten, die wohl bereits im 38. Jh. v. Chr. aus dem Mittelelbe-Saale-Gebiet bekannt sind, lassen sich mit den frühen megalithischen Steinkisten des nordmitteleuropäischen Gebiets in Verbindung bringen. Insbesondere auch deren Vorkommen in Nordostdeutschland in Form der Uckermärkischen Steinkisten, aber auch von anderen Steinrahmengräbern bis zur Ostsee, ermöglicht es, den Austausch des architektonischen Wissens zu rekonstruieren. Es ist der frühe Nachweis von Hockerbestattungen in Nordwestdeutschland und auch Schleswig-Holstein, der zusätzlich Verbindungen im Bereich der Sepulkralkultur eröffnet. Aber auch hier ist kein zeitlicher Vorsprung der mitteldeutschen »Steinkisten« gegenüber den nordmitteleuro-

Die Grabanlage von Barnenez in der Bretagne verbindet das Prinzip des Langhügels mit dem megalithischer Grabkammern. In Nordwestfrankreich setzt die Entwicklung von Megalithgräbern spätestens um 4500 v. Chr. ein.

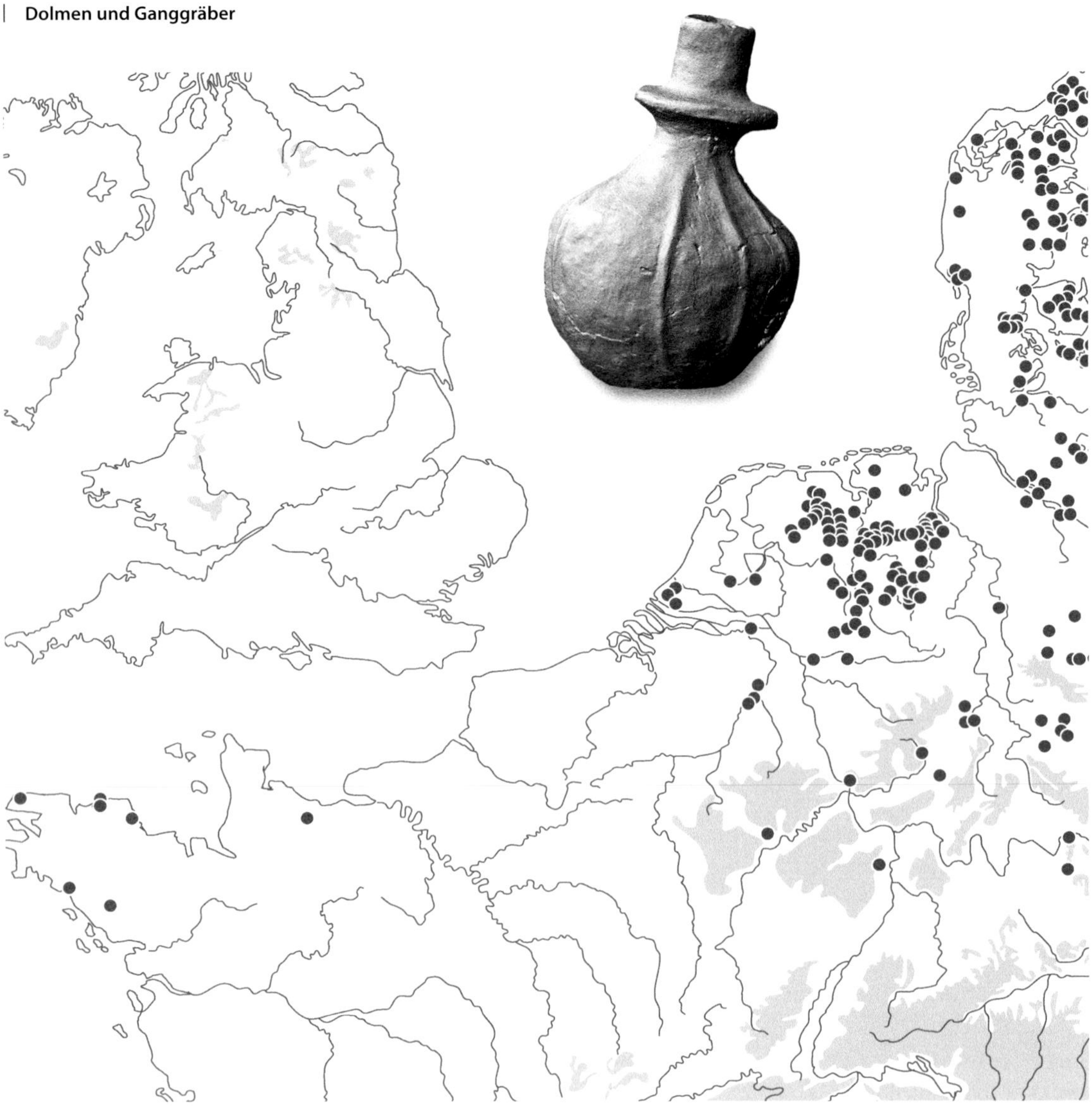

Zu den wenigen Verbindungen zwischen der Bretagne und dem Trichterbecherraum gehört der Import von Kragenflaschen: Um 3800 v. Chr. finden wir diese sicher für spezifische Getränke genutzten Flaschen in bretonischen Megalithgräbern.

päisch-südskandinavischen megalithischen Steinkisten oder frühen Dolmen festzustellen.

Entsprechend erkennen wir eine megalithische Entwicklung im mitteleuropäisch-skandinavischen Raum als eigenständige Neuordnung der Welt, eingebunden in ein weites und vielfältiges Kommunikationsnetzwerk. Diese Entwicklung ab etwa 3900 v. Chr. führt schließlich zu Ganggräbern, die über rund 180 000 km² im Gegensatz zu 110 000 km² der einfachen bzw. 130 000 km² der erweiterten Dolmen verbreitet waren. Insofern können wir davon ausgehen, dass sich eine bestimmte megalithische Grabarchitektur Richtung Süden, Westen und Osten ausgebreitet hat.

Typologische und zeitliche Entwicklungen

Was die Grabsitte in frühen Dolmen betrifft, so sind wir auf äußerst wenige Befunde angewiesen. Nach wie vor kennen wir nur drei dänische Rechteckdol-

Der Befund des Kloggehøj-Dolmens auf Fünen verweist auf eine primäre Einzelbestattung der älteren Trichterbechergemeinschaften.

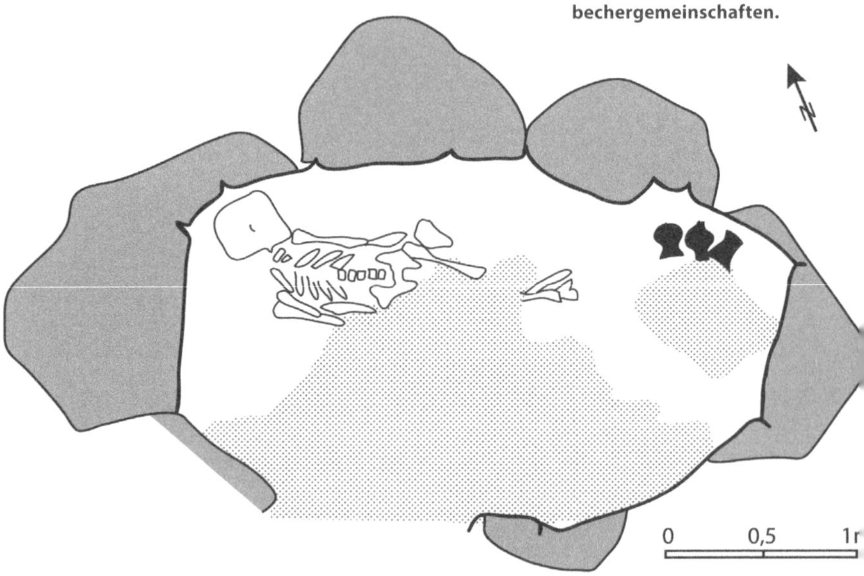

Zur entscheidenden architektonischen Neuerung um 3350 v. Chr. gehört die Errichtung eines Gangs als markierter Zugang durch den Grabhügel zur Grabkammer (Beispiel Denghoog auf Sylt). So wird bei den Übergangsriten zum Tod eine Wegstrecke zwischen die Welt der Lebenden (außen) und die der Toten (innen) geschaltet.

men, in denen individuelle Bestattungen mit Beigaben enthalten sind. In einigen liegen beiseite geräumte Knochen, sodass von nacheinander eingebrachten Bestattungen auszugehen ist, wie z. B. bei den Gräbern von Ølstykke und Grøfte auf Seeland. Grundsätzlich wird das Entstehen der als »Kollektivgrabsitte« bezeichneten Bestattungsweise sichtbar, bei der ein Grab zunächst immer wieder geöffnet, später dann als zugängliche Kammer konzipiert wurde. In einzelnen Regionen stehen solche »Übergangsgrabformen« oft am Anfang der megalithischen Grabsequenz. Beispiele sind etwa für die nordfriesischen Inseln das Grab von Utersum auf Föhr, Flintbek LA12 für Ostholstein und Barkaer für Seeland. Häufig lässt sich allerdings aufgrund der schlechten Knochenerhaltung keine Aussage treffen.

Während wir die Errichtung unterschiedlichster Dolmen – ob einfache Rechteckdolmen, erweiterte Dolmen oder Polygonaldolmen – in den einzelnen Regionen sowohl typochronologisch als auch naturwissenschaftlich auf etwa 3650 bis 3300 v. Chr. datieren können, ist der Bau von Ganggräbern ab 3350 v. Chr. zu verzeichnen. Dabei kann der Übergang von Polygonal- oder erweiterten Dolmen mit Gang zum Ganggrab fließend sein. Aus architektonischer Sicht lassen sich unterschiedliche Entwicklungstendenzen feststellen:

- Auf der südlichen kimbrischen Halbinsel wird die »Holsteiner Kammer« mit ihrer rechteckigen Grabkammer und einem zentral angesetzten Gang zur bestimmenden Grabform.
- In der Trichterbecherwestgruppe finden sich zwei- bis vieljochige Grabkammern, wobei die Erhöhung der Jochzahl eine Vergrößerung der Kammer bedeutet (Typ Emmeln).

So kennen wir einen erweiterten Dolmen in einer rechteckig eingefassten Kammer z. B. im lüneburgischen Bliedersdorf-Grundoldendorf, der noch einen axialen Eingang besitzt. Davon zu unterscheiden sind Ganggräber mit seitlichem Eingang, sei es das zweijochige Grab aus Klein Stavern oder das neunjochige Ganggrab von Flögeln. Die Ganggräber können in Rundhügeln, langovalen oder auch trapezförmigen Einfassungen liegen. Westlich der Weser finden wir überlange Kammern mit teils bis zu 15 Jochen in Werlte und 18 Jochen in Thuine. Im Gegensatz zur Tendenz, entsprechende Kammern zu vergrößern, bleiben die Zugänge sehr kurz; meist bestehen sie nur aus einem Tragsteinpaar und einem Deckstein. Unabhängig von der möglicherweise langen Nutzung der Kammern und verschiedenen Manipulationen am Gang oder Umfassungshügel haben Analysen gezeigt, dass manche Megalithgrabtypen mit bestimmten Keramikgruppen in Verbindung stehen. Da die typologische Einteilung von Friedrich Laux aufgrund neuer radiometrischer Bestimmungen für die Westgruppe als chronologisch relevant gilt, lässt sich eine zeitliche Abfolge postulieren. Als Grundtendenz ergibt sich eine Entwicklungsreihe von erweiterten Dolmen und Ganggräbern mit drei oder vier Jochen hin zu vier- und fünfjochigen und schließlich sechs- und mehrjochigen Kammern. Abschluss der zeitlichen Abfolge bilden die sehr langen Kammern, die einer jüngsten Entwicklung zuzurechnen sind.

- In Mecklenburg und Südschweden sind Kammern mit Innenabteilungen, den so genannten »Quartieren«, typisch. So kennen wir aus Nordostdeutschland dank 68 gut dokumentierter Pläne von Mega-

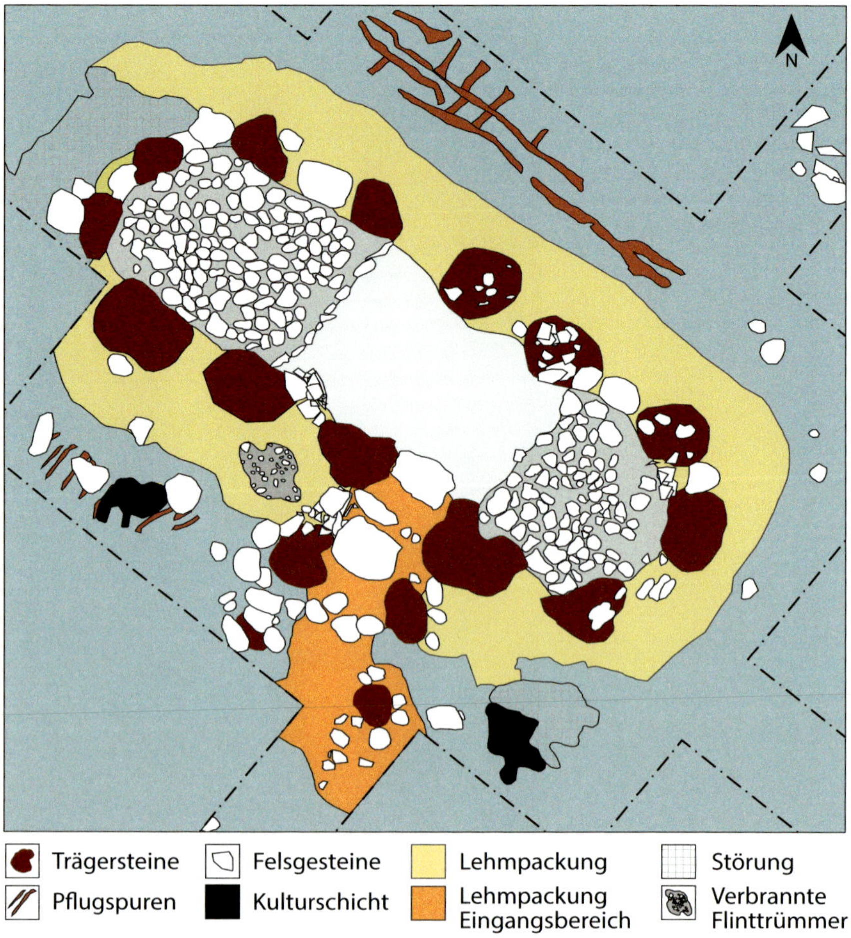

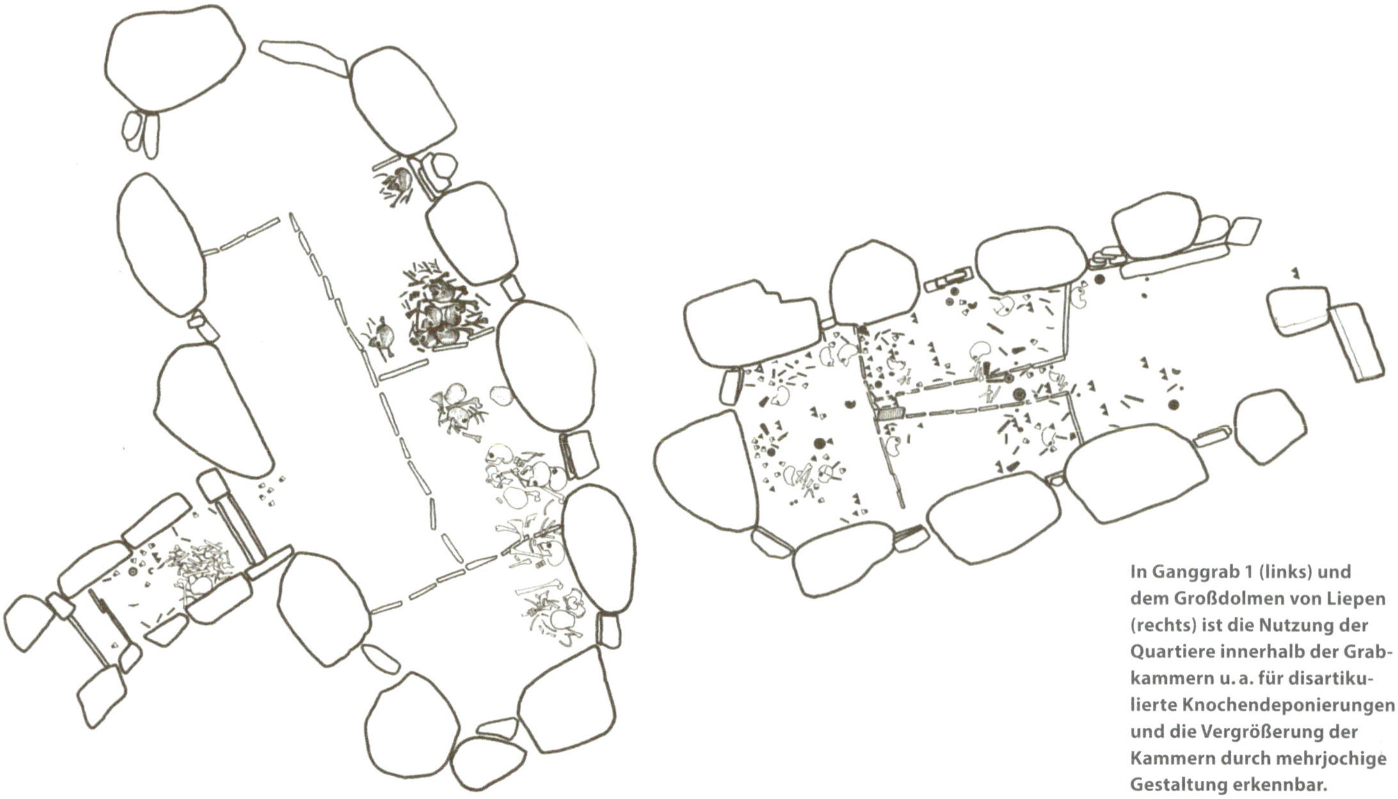

In Ganggrab 1 (links) und dem Großdolmen von Liepen (rechts) ist die Nutzung der Quartiere innerhalb der Grabkammern u. a. für disartikulierte Knochendeponierungen und die Vergrößerung der Kammern durch mehrjochige Gestaltung erkennbar.

Die Vergrößerung der Grabkammern wird durch eine höhere Anzahl von Trägersteinpaaren (»Jochen«) erreicht. Darüber hinaus liegt beim ostholsteinischen Ganggrab Wangels LA 69 eine Unterteilung der Grabkammer in drei »Quartiere« vor.

lithgrabkammern 28 mit Quartieren, davon 18 bei 41 dokumentierten erweiterten oder Großdolmen, zehn bei den 16 erfassten Ganggräbern. Aus Nordwestdeutschland sind keine und von der kimbrischen Halbinsel nur wenige Unterteilungen bekannt.

- Auf der nordkimbrischen Halbinsel und den dänischen Inseln herrschen meist Megalithgräber mit abgerundeten Stirnseiten vor. Bei der Ganggrabarchitektur vor allem in der Limfjord-Region und Nordwestseeland zeigen sich Besonderheiten: Gräber mit sehr langen Gängen, mit einer zusätzlichen Kammer (z. B. Suldrup in Nordjütland) oder auch Doppelkammern mit Doppelgängen (z. B. Røddinge auf Seeland).

Prinzipiell handelt es sich bei allen Variationen um lokale und regionale Umsetzungen derselben Grundidee: die Errichtung geschlossener Grabkammern, die durch einen Gang betreten werden können. Die Größe des Hügels variiert erheblich. Offensichtlich wird der Hügel selbst gegen Ende der Entwicklung kleiner im Verhältnis zur Vergrößerung der Kammer.

Experimente: Wie viele Menschen errichten ein Grab?

Bei Untersuchungen von Megalithgräbern stand und steht immer auch die Frage nach dem Personenaufwand für prähistorische Bauvorhaben im Zentrum des Interesses: Sowohl der nötige Energieeinsatz als auch die Anzahl an Menschen, die für Bautätigkeiten zu mobilisieren waren, bieten Hinweise auf die gesellschaftliche Organisation, Gruppengrößen und Gruppenidentitäten. Völkerkundliche, historische und experimentell-archäologische Vergleichsdaten sowie quantitativ erfasste Grabungsbefunde helfen, den Aufwand zu ermitteln.

So wurde im Rahmen des Schwerpunktprogramms am 14. Mai 2015 vor dem Audimax der Universität Kiel ein ausgegrabenes Megalithgrab experimentell-archäologisch mithilfe von Studierenden und Ehrenamtlichen unter Anleitung von Walter Dörfler und Harm Paulsen errichtet (Der dazugehörige Film ist abrufbar unter http://www.monument.ufg.uni-kiel.de/schwerpunktprogramm/videos/). Unter anderem konnte ein 2,5 t wiegender Deckstein von ca. 70 Personen in 15 Minuten über 10 m Distanz auf die Trägersteine gezogen werden.

Erfahrungen beim Bewegen schwerer Steine lagen bereits aus der experimentellen Rekonstruktion eines erweiterten Dolmens bei Lüdelsen (Altmark) vor, bei dem am 1. März 2008 ein 7,7 t schwerer Deckstein von 60 am Seil ziehenden und 15 am Block »hebelnden« Handwerkern bewegt wurde. Diese Zahl von 75 Akteuren war nötig, um den Stein pro Stunde 5 m auf Rollen zu bewegen.

Für ein Megalithgrab wie in Wangels ist von etwa 15 000 bis 20 000 Personenstunden Aufwand unter Beteiligung von mindestens 70 Personen bei spezifischen Bautätigkeiten auszugehen. Die erwähnten rekonstruierten Megalithgräber können am Audimax der Universität Kiel und im Wald bei Lüdelsen auf ausgeschilderten Archäologie-Routen besichtigt werden.

Das Ziehen eines Decksteines bei der Rekonstruktion eines Megalithgrabes an der Christian-Albrechts-Universität zu Kiel.

Megalithgräber

Vielfältige Bestattungssitten

Menschliche Skelette aus der Trichterbecherzeit haben sich in Niederungen, Siedlungen, Flachgräbern, nichtmegalithischen Langhügeln, Dolmen und Ganggräbern erhalten. Aufgrund der bereits angesprochenen sauren Bodenverhältnisse ist dies nur sehr selten der Fall, sodass wir wenig über Bestattungsweisen wissen. Neben den stark reduzierten Befunden erschwert darüber hinaus der Zustand der Knochen eine wissenschaftliche Deutung: Sie kommen teils im Verband liegend vor, andererseits vollkommen ohne Zusammenhang. Entsprechend hat man recht früh diskutiert, ob Teil- oder Ganzkörperbestattungen erfolgten.

Menschliche Knochen aus Dolmen

Was die Urdolmen betrifft, so verweisen verschiedene Berichte auf Ganzkörperbestattungen. Ohne dass neue Befunde in den letzten Jahren hinzugekommen wären, spricht etwa die Skelettlage aus den Triberatzer Bergen auf Rügen für eine Hockerbestattung, die den Dolmen komplett ausfüllt. Im bereits 1890 ausgegrabenen seeländischen Urdolmen Ølstykke fanden sich Reste eines ausgestreckten Skeletts mit dem Kopf im Süden sowie einer Kragen- und einer Ösenflasche an den Füßen. Auch Altgrabungen vom seeländischen Kellerød auf Seeland belegen die gleiche Position eines Rückenstreckers mit Kopf im Süden und einer Ösenflasche bei den Füßen. Anzuführen wäre darüber hinaus der Bericht über einen Langdolmen mit Rückenstrecker aus Bogø.

Neben diesen Hinweisen auf direkte Einzelbestattungen vollständiger Leichen gibt es Gräber, in denen nur wenige Knochen enthalten sind und wo oft ein Beiseiteräumen älterer Bestattungen vermutet wurde wie in Kammer B von Grøfte sowie in den Urdolmen von Barendorf (Grab 1) und Malchin. Der anthropologische Bericht für beide Kammern von Grøfte geht

Der 1983 großflächig untersuchte Hügel des Dolmens von Serrahn sowie die 1964 erfassten Bestattungen innerhalb und vor der Kammer belegen eine unterschiedliche Leichenbehandlung.

Im schwedischen Ganggrab von Frälsegården in Falbygden konnte Karl Göran Sjögren mit modernen Methoden eine Abfolge von vereinzelten Leichenteilen zu einer Ganzkörperbestattung und erneut zu disartikulierten Einzelteilen dokumentieren. Damit wird sowohl das Einbringen von Teil- als auch Ganzkörperbestattungen wahrscheinlich.

davon aus, dass Ganzkörperbestattungen in die Grabkammer eingebracht wurden, wobei vor allem in Kammer 2 ältere Knochen verschoben wurden. Doch diskutiert man auch für Grøfte, ob mehrere Personen gleichzeitig beigesetzt wurden. Als weitere Möglichkeit wäre demnach das Einbringen von Teilbestattungen denkbar, z. B. auch in Malchin (Grab 2).

Zwei Urdolmen des Evestorfer Forsts (Barendorf 1 und Naschendorf 1) in Nordostdeutschland enthielten Reste von Bestattungen. Im einfachen Dolmen von Naschendorf fanden sich auf dem Boden die Überreste zweier Individuen, wobei beiden Schädeln die Unterkiefer fehlten; diese wurden westlich der eigentlichen Bestattungen in der Grabkammer entdeckt. Im Urdolmen Barendorf 2 lagen in einer Ecke auf einem Haufen einige Knochen, am Eingang stand eine Kragenflasche. Ganz ähnlich zeigt sich die Situation im erweiterten Dolmen von Friedrichsruhe: Zwei Haufen mit teils gebrochenen Knochen stammen von zwei erwachsenen Personen. Beide Knochenanhäufungen sind jeweils mit einem Gefäß versehen; zwei weitere Gefäße stehen am Eingang. Ansonsten wirkte der erweiterte Dolmen ungestört.

Auch bei den mecklenburgischen Großdolmen lässt sich Ähnliches beobachten. Eine Knochenstreuung am Ende der Kammer von Liepen stammt von drei Individuen. Weitere Knochenanhäufungen in anderen Quartieren sowie im Zwischengang enthalten zudem Schädel, sodass von unvollständigen Skeletten ausgegangen werden kann. Vergleichbare Knochenanhäufungen sind aus den Großdolmen von Ziesendorf und Lancken-Granitz bekannt.

Manipulationen an menschlichen Bestattungen oder Knochen erfolgten auch in anderen Zusammenhängen:

- Unter einem Rundhügel des Fakkemose-Dolmens auf Langeland fand sich eine Grube mit zwei Skeletten in anatomischer Ordnung, allerdings fehlte bei einer Bestattung ein Beinknochen und ein anderer war umgekehrt niedergelegt. Eine weitere Grube in zwei Metern Entfernung enthielt den isolierten Schädel eines Jugendlichen.
- In Wartin D1 lag eine von zwei Hockerbestattungen auf einem Scherbenpflaster in disartikuliertem Zustand. Auch in Malchin 46 enthielt der Dolmen drei disartikulierte Kinderbestattungen.
- In Klokkehøj auf Fünen wurde eine Bestattung ohne Schädel entdeckt. Vielleicht ist an ähnliche Manipulationen zu denken wie bei der Siedlungsbestattung von Oldenburg-Dannau (s. o.).

Menschliche Knochen aus Ganggräbern

Viel diskutiert sind Bestattungssitten in den Ganggräbern des norddeutsch-skandinavischen Raums. Aufgrund nur weniger oder disartikulierter Knochenfunde ging man davon aus, dass es sich ursprünglich wohl meist um Teil- oder Sekundärbestattungen gehandelt hat und dass vollständigere, im Verband liegende Skelette eher von Personen stammen, die zu einem späteren Zeitpunkt als Nachbestattungen in die Ganggräber eingebracht wurden. Tatsächlich haben neuere Untersuchungen diese Meinung relativiert. Im Ganggrab von Frälsegården in Falbygden konnten die wenigen erhaltenen Skelette oder Knochen aufgrund der modernen Beobachtungssituation in eine stratigrafische Abfolge gebracht und radiometrisch datiert werden. Stratigrafisch lag ein relativ vollständiges, artikuliertes Skelett oberhalb und unterhalb von disartikulierten Skeletteilen anderer Bestattungen. Sämtliche Knochen wurden zwischen 3100 und 2900 v. Chr. niedergelegt, die Ganzkörperbestattung noch um 2950 v. Chr. über den anderen älteren disartikulierten Bestattungen deponiert. Entsprechend wird deutlich, dass die Vollständigkeit der Skelette nicht von der stratigrafischen Lage abhängt. Tatsächlich verweist dies auf ein Nebeneinander von Ganz- und Teilkörperbestattungen im schwedischen Ganggrab von Frälsegården. Die neue Beobachtung unterstützt die Berichte von Anders Lindgren aus dem Jahre 1805, der im Ganggrab von Onskulle, Västergötland, vollständige Skelette entdeckte.

Menschliche Knochen und Schädel

Übertragen wir die Beobachtungen aus Falbygden auf andere Gebiete der Trichterbechernordgruppe, so dürften sowohl disartikulierte Knochenanhäufungen als auch artikulierte Skelette als Folge des Bestat-

Schädelkalotte aus der Grabkammer von Borgstedt LA 69. Zahlreiche Befunde aus Siedlungen und Gräbern legen eine besondere Behandlung und Bedeutung von Schädeln in verschiedenen Trichterbechergesellschaften nahe.

tungsrituals (und nicht unterschiedlicher Überlieferungsbedingungen) realistisch sein. Regelmäßig finden sich angehäufte Langknochen oder auch Schädelnester, z. B. die fünf Schädel aus Ganggrab 2 in Nebel auf Amrum. Auch in der »Totenstadt« von Oldendorf II und IV gibt es Schädel, die Seite an Seite verkehrt herum aufgestellt waren.

Die offensichtlich besondere Bedeutung der Schädel wird auch an anderen Beispielen deutlich. Für das dänische Uggerslev dokumentieren frühe Berichte drei Knochenhaufen an der westlichen Wand der Grabkammer, auf denen jeweils ein Schädel lag. Darüber hinaus wurden bei der Altgrabung zahlreiche Knochen im östlichen Kammerteil von mindestens 80 Individuen entdeckt, bei denen die Schädel übereinandergelegt und von Langknochen umgeben worden waren. Berichte über Schädelanhäufungen und disartikulierte Knochen gibt es auch für die dänischen Fundorte Rævehøj, Kyndeløse, Kinderballe auf Langeland und Freijlev Skov.

Die vermutlich herausragende Bedeutung der Schädel in den genannten Gräbern wird zugleich durch isolierte Schädelfunde aus Siedlungszusammenhängen untermauert, beispielsweise ein Schädel mit Haut aus Bundsø, die Schädelmaske aus Hunte 1, Schädelschalen aus Bundsø oder der aus einem Schädel gefertigte Löffel von Ringsjörn.

Sitzende Tote

Bei den vollständig eingebrachten Leichen kann es sich, wie beschrieben, sowohl um Hockerbestattungen als auch um Rückenstrecker handeln. Ältere Berichte erwähnen darüber hinaus sitzende Bestattungen, was die moderne Forschung allerdings selten in Betracht gezogen hat. Doch zeigen neuere Untersuchungen tatsächlich, dass manche Individuen in bestimmten Megalithgräbern in sitzender Position begraben wurden, z. B. in Gökhem 17 in Falbygden. Neben einem wohl älteren Knochendepot wurde eine mature Frau um 3500 v. Chr. an der Wand angehockt beigesetzt. Weitere Bestattungen folgen in der Kammer und im Gang. Offensichtlich handelt es sich um gehockte Ganzkörperbestattungen, die in der sehr kleinen Kammer übereinander begraben wurden. Solche sitzenden Positionen wurden erstmals 1788 von Gottfried Hilfeling für das Ganggrab Dala in Västergötland vorgestellt. Tatsächlich gibt es für etwa ein Dutzend schwedische Gräber solche Berichte, ebenfalls für Blengow in Mecklenburg. Und auch in der Kammer von Lenzen (Prignitz) wurden zwischen den Beinknochen entdeckte Schädel auf eine ursprünglich sitzende Position zurückgeführt.

Familienquartiere?

Ob die bereits in Zusammenhang mit der Architektur erwähnte Einteilung zahlreicher Ganggräber in Nordostdeutschland, auf Jütland, den Dänischen Inseln und in Südschweden in unterschiedliche Quartiere auch bei der Bestattung eine wichtige Rolle spielte, wurde lange diskutiert. So vermutete man, dass hierbei »Familienabteilungen« innerhalb der Grabkammern und somit eine soziale Gliederung der bestattenden Gemeinschaft zum Ausdruck kommen.

Ein früh ergrabener Befund aus dem Kammergrab Sieben Steinhäuser bei Fallingbostel liefert wichtige Hinweise. Hier wurden an drei räumlich separierten

Plätzen in der Kammer Knochenlager gefunden, die sich in einer darüber liegenden Schicht an der gleichen Position wiederholten. Demnach ist davon auszugehen, dass die innere Unterteilung auch ohne eine heute noch sichtbare Abtrennung bewusst befolgt wurde.

Im Ganggrab Liepen 1 steht eine ganze Serie von Bestattungsabläufen mit der Inneneinteilung der Kammer in Verbindung. Auf dem originalen Boden wurden wenige Knochen eines Kindes und räumlich getrennt davon Schädel und Knochen eines anderen Individuums beigesetzt. Auf einem zweiten Kammerboden darüber lagen drei disartikulierte Individuen, schließlich wurde eine Grube gegraben, die gebrochene Knochen von fünf Personen enthielt. Etwa 40 cm über der Schicht des zweiten Bodens wurden erneut Reste von sechs Menschen entdeckt, allerdings nur drei Schädel.

Neben der Interpretation, die Quartiere in den Kammern als separierte Bestattungsplätze möglicherweise für Familien oder Kollektive zu betrachten, bietet der Anthropologe Torbjörn Ahlström aufgrund seiner Analyse des 1962 freigelegten Ganggrabs von Rössberg einen ganz besonderen Ansatz: Die Anzahl der Knochen in den mindestens 14 Quartieren variiert sehr stark; in der kleinsten Nische fanden sich die meisten Knochen. Der Großteil der Knochen lag am nördlichen und südlichen Ende der Kammer, und Ahlström nahm an, dass in diesen Bereichen die Leichen zum »Dekompostieren« ausgelegt worden waren, bevor bestimmte Knochen in andere Quartiere verbracht wurden.

Vielfältige Bestattungsriten

Zusammenfassend lassen sich – zumindest in der Trichterbechernordgruppe – recht vielfältige Bestattungsabläufe in den Megalithgräbern erkennen. Während in den frühesten kleinen Dolmen offensichtlich noch Ganzkörperbestattungen einzelner Individuen eingebracht worden waren, folgte bald ein Nebeneinander, möglicherweise auch ein zyklisches Nacheinander von Ganzkörper- und Teil- bzw. Sekundärbestattungen. Diese Beobachtung lässt sich recht gut mit den übrigen dokumentierten Begräbnisritualen in Siedlungen und Einzelgräbern in Verbindung bringen, wo ebenfalls immer wieder einzelne Menschenknochen o. Ä. entdeckt werden. Auch sind sowohl Hocker- als auch Rückenlage bekannt, und sogar sitzende Positionen an der Kammerwand wurden nachgewiesen. Wenngleich die Bedeutung der Quartiereinteilungen in den Gräbern nur schwer zu erschließen ist, so ist immerhin klar, dass auch die Beseitigung von Leichen, auch von dekompostierten Leichen, in den Gräbern eine wichtige Rolle spielte. Zudem gibt es immer wieder Hinweise auf eine besondere Behandlung der Schädel.

Riten im Megalithgrab
Votivgaben und Architektur

Abgesehen von der vielfältigen Behandlung der Toten lassen sich zahlreiche rituelle Deponierungen und Manipulationen in Zusammenhang mit Votivgaben und Megalitharchitektur nachweisen. Sie geben Aufschluss über die komplexe Ahnenverehrung und deren Wandel im Laufe der Zeit.

Aktivitäten auf dem Vorplatz des Denghoogs

Wie umfangreich gerade auch Ganggräber in die rituelle Welt eingebunden sind, haben die Ausgrabungen am Denghoog auf Sylt gezeigt. Bei einer Altgrabung Ende des 19. Jh. wurde die polygonale Kammer erfasst, in einer Nachgrabung 1982/83 der Gang. Drei Nutzungsphasen, die mit Deponierungen in der Kammer, im Gang und im Eingangsbereich verbunden sind, konnte Maria Wunderlich für das Megalithgrab nachzeichnen:

- In der ältesten Nutzungsphase (ca. 3200–3100 v. Chr.) wird in der Kammer eine erste Bestattung niedergelegt, gemeinsam mit zwei Beilen, Keramik und Bernsteinperlen. Vor dem Gang werden seitlich Gruben gegraben und sowohl darin als auch im Vorhof Votivgaben deponiert. Auch das erneute Ausgraben der Gruben und die räumliche Verteilung der Keramik kann in dieser Phase erfolgt sein.
- In der zweiten Phase (ca. 3100–3000 v. Chr.) dürften nach Ausweis der zahlreichen Trichter- und Konusrandgefäße sowie Bernsteinperlen die meisten Bestattungen in die Kammer eingebracht worden sein; im Außenbereich fanden sich vor allem zertrümmerte Tassen, Becher und Zylinderrandgefäße.
- In der dritten Phase (ca. 3000–2950 v. Chr.) wurde der Außenbereich am intensivsten genutzt. Die meiste Keramik wurde im Eingangsareal und in Grube 2 deponiert, jedoch kaum mehr in Grube 1. Im Außenbereich wurden mindestens sechs Gefäße deponiert, in der Kammer hingegen nur zwei.
- In der vierten Nutzungsphase (2950–2800 v. Chr.) sind zwar noch Bestattungen in der Kammer zu vermuten (Beile), doch die Gruben waren jetzt sicherlich verfüllt. Im Eingangsbereich fanden keine Deponierungen mehr statt.

Insgesamt wurden im Außenbereich des Denghoog über 250 Jahre, also etwa zehn Generationen, Votivgaben niedergelegt und Riten abgehalten. Mindestens 86 Gefäße verdeutlichen, dass pro Generation durchschnittlich sieben bis neun Gefäße mit Inhalt geopfert wurden. Aus der Kammer selbst, die ungestört und nicht leer geräumt war, stammen weitere 23 Ge-

Die Verteilung von Votivdeponierungen im und am Ganggrab Denghoog belegt die große Bedeutung des Ahnenkults.

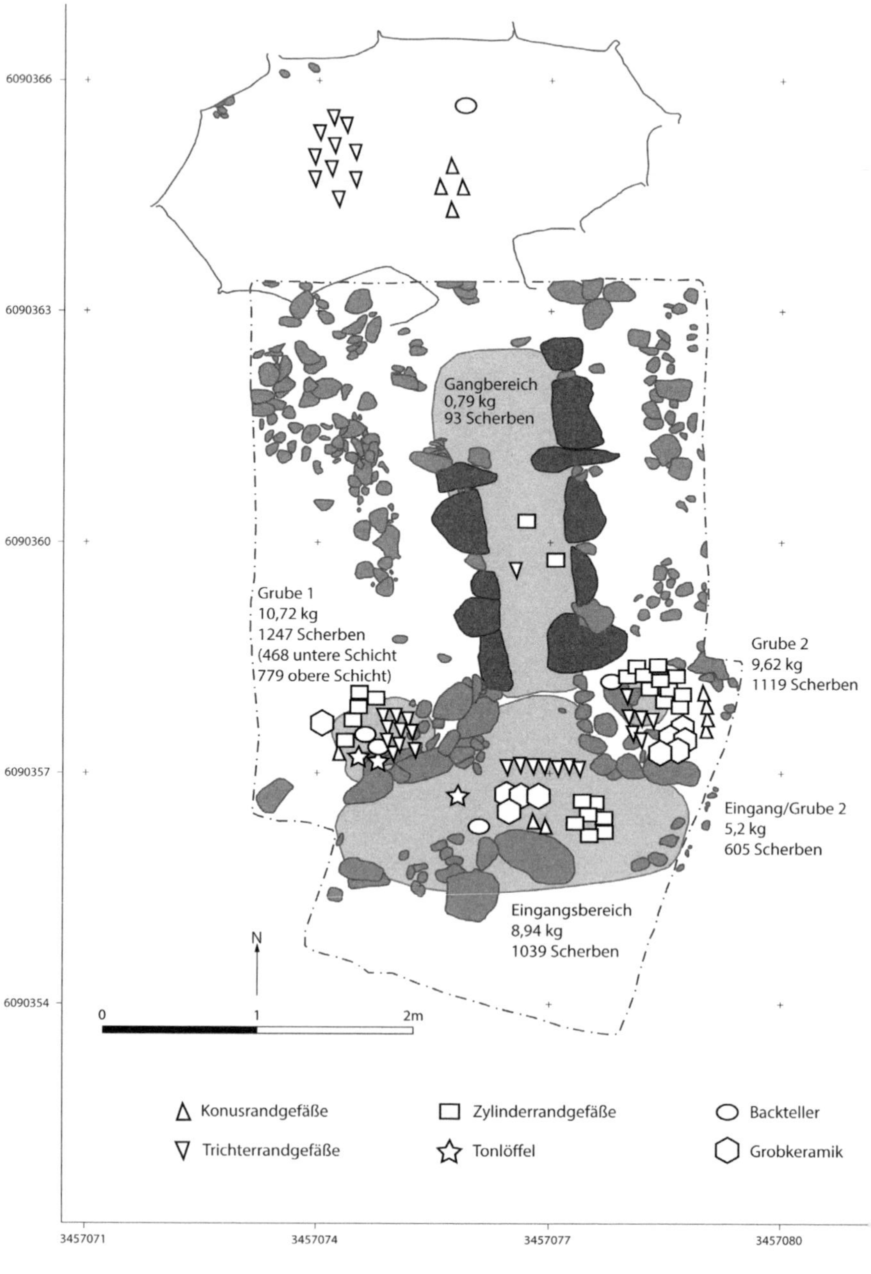

ID 1055

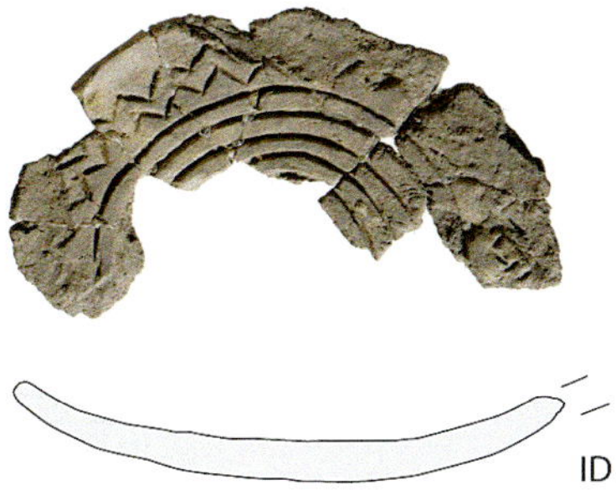

ID 23

ID 31

ID 21045

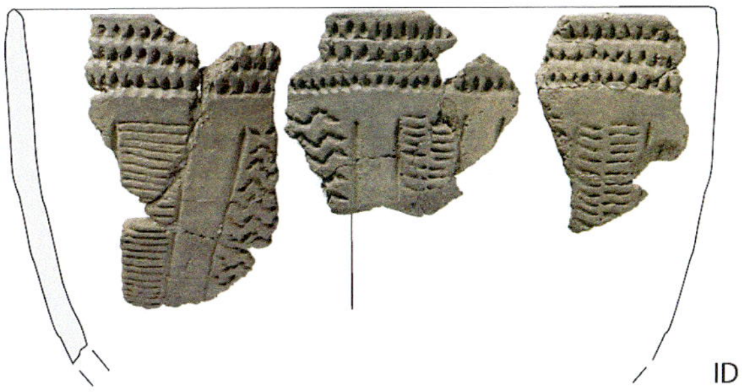

ID 6001

Die Vielfalt der vor dem Denghoog deponierten Gegenstände aus Keramik verdeutlicht die Komplexität der Riten. Maria Wunderlich gelang es in ihrer Analyse der Deponierungsgeschichte, insbesondere die Rolle der aufwendig verzierten Tonlöffel (ID 23, ID 24) im Vorhof des Denghoog herauszustellen.

fäße, was die Zahl pro Generation bzw. Bestattungsphase nochmals um drei erhöht. Hinzu kommen Bernsteinschmuck und Flintgeräte. Die 150 Jahre andauernde vierte Bestattungsphase (2950–2800 v. Chr.) lässt sich nur durch Beile in der Kammer nachweisen; die Außenanlage wurde nicht mehr genutzt.

Die dezidierte Auswertung des Denghoog durch Maria Wunderlich ergab im Durchschnitt eine Bestattung alle zehn Jahre, wobei für die Zeit um 3000 v. Chr. wohl eine höhere Frequenz anzunehmen ist. Die ritualisierte Ahnenverehrung manifestiert sich in den dreimal häufigeren Niederlegungen von Votivgaben im Eingangsbereich im Verhältnis zu solchen in der Grabkammer. Auch Tonlöffel und Fruchtschalen (ca. 3200–3000 v. Chr.), die nie in Grabkammern oder Siedlungen, sondern stets außerhalb im Vorhof niedergelegt wurden, sprechen am Denghoog für kanonisierte Opferhandlungen. Die endgültige Dominanz waffenfähiger Beigaben ab ca. 2950 v. Chr. deutet an, dass auch am Denghoog die Veränderungen der Zeit spürbar sind. Am Megalithgrab Fischbeker Heide bei Stade konnten ebenfalls Deponierungsunterschiede zwischen Vorplatz, Gang und Kammer dokumentiert werden.

Keramikgefäße aus Megalithgräbern weisen von Region zu Region erhebliche Unterschiede auf. Aus 59 Kammern in Nordjütland stammen 151 Gefäße, aus den 264 Megalithgräbern der Dänischen Inseln 1785 Gefäße. Im Prinzip sind die Zahlen auch in Südschweden und Nordostdeutschland bzw. in Schleswig-Holstein recht ähnlich. Grundsätzlich ergaben allerdings Untersuchungen dort, wo sowohl Kammer als auch Gang und Vorplatz freigelegt worden sind, Gefäßdeponierungen außerhalb des eigentlichen Grabs. Diese Votivgaben übersteigen die Anzahl der Gefäße in den Kammern oft um das Fünf- bis Zehnfache.

Unabhängig davon aber ist die Gesamtzahl der Deponierungen in der Trichterbechernordgruppe wesentlich geringer als in der Westgruppe, insbesondere westlich der Weser. Hier erkennen wir ein ganz anderes Prinzip der Votivgaben: Sie werden teilweise zu Hunderten in der Kammer deponiert, sodass von regelrechten Keramikservicen auszugehen ist: z. B. in Emmeln 2, Ostenwalde 1, Glimmen 2 oder Lengerich-Wechte 2.

Bei den Gefäß- oder Votivopferungen in und vor Megalithgräbern lassen sich bestimmte Tendenzen verfolgen. Aus den frühen Dolmen sind Ösengefäße, Kragenhalsflaschen und/oder Becher bekannt, was in etwa dem Drinkset aus nichtmegalithischen Langhügeln entspricht. Der hier ersichtliche Beigabenkanon entwickelt sich wohl zwischen dem 37. und 34. Jh. v. Chr., bis dann im 33. Jh. v. Chr. eine extreme Vielfalt an Keramikformen existiert, die vermutlich die besondere Funktion des Buffets beim Begräbnisritual zum Ausdruck bringt: Trichterbecher und Schalen, Ösenbecher, Standfußschalen und Tonlöffel. Die beiden letzten Keramikkategorien sind umfangreich verziert und dürften eine besondere Rolle im Ritus gespielt haben. Im 32. Jh. v. Chr. nimmt die Vielfalt dann im westbaltischen Gebiet erheblich ab, und insbesondere Flintgeräte und Beile vor den Megalithgräbern ersetzen in vielen Fällen die Keramikbeigaben. Im Gegensatz dazu machen in den nordwestdeutschen Arealen nun gerade umfangreiche Keramiksets von bis zu 450 Gefäßen den Großteil der Beigaben aus.

Offene Kammer in Wangels

Während wir am Denghoog die unterschiedlichen Votivopferungen hauptsächlich vor dem Eingang und im Gang fassen konnten, liefern neue Ausgrabungen des Ganggrabs Wangels LA 69 Hinweise über Aktivitäten innerhalb der Grabkammer.

Das Ganggrab mit rechteckiger Kammer und vorgelagertem Gang weist mehrere Umbauphasen auf und befindet sich in einem Langhügel. Die detaillierte Untersuchung Jan Piet Brozios, u.a. mithilfe von 85 ^{14}C-Datierungen, ermöglichte es, sowohl die Baugeschichte als auch die Abfolge der Deponierungen im Zusammenhang mit trichterbecherzeitlichen Bestattungen zu rekonstruieren. Erste Aktivitäten am späteren Bauplatz lassen sich für die Zeit um 3800 v. Chr. nachweisen. Offensichtlich wurde der Platz auf einer weithin sichtbaren Kuppe erstmals gerodet und für Aktivitäten genutzt, die sich noch nicht näher spezifizieren lassen. Das Ganggrab mit seiner 6 m langen, 2,5 m breiten und wahrscheinlich 1,2 m hohen Kammer, dazu dem 2 m langen und 1 m breiten Gang in einem Rundhügel von 9,6 m Durchmesser wurde um 3360 v. Chr. angelegt. Nach einem Baugrubenopfer – in einer Grube unter einem späteren Trägerstein wurde eine Trichterbechertasse niedergelegt – folgte die Errichtung der vierjochigen Anlage. Dafür hat man den Platz mit einem Hakenpflug eingeebnet, die Baugruben ausgehoben, eine Lehmpackung auf den Untergrund aufgebracht und den rechteckigen Kammerplatz dreiteilig mit Geröllboden, krakeliertem Flintboden und Quartierabgrenzungen angelegt. Hinzu kam der Gang von Süden, bis nach Errichtung der Orthostaten und dem Trockenmauern der Zwischenräume die Decksteine aufgebracht wurden. Eine Lehmpackung um die gesamte

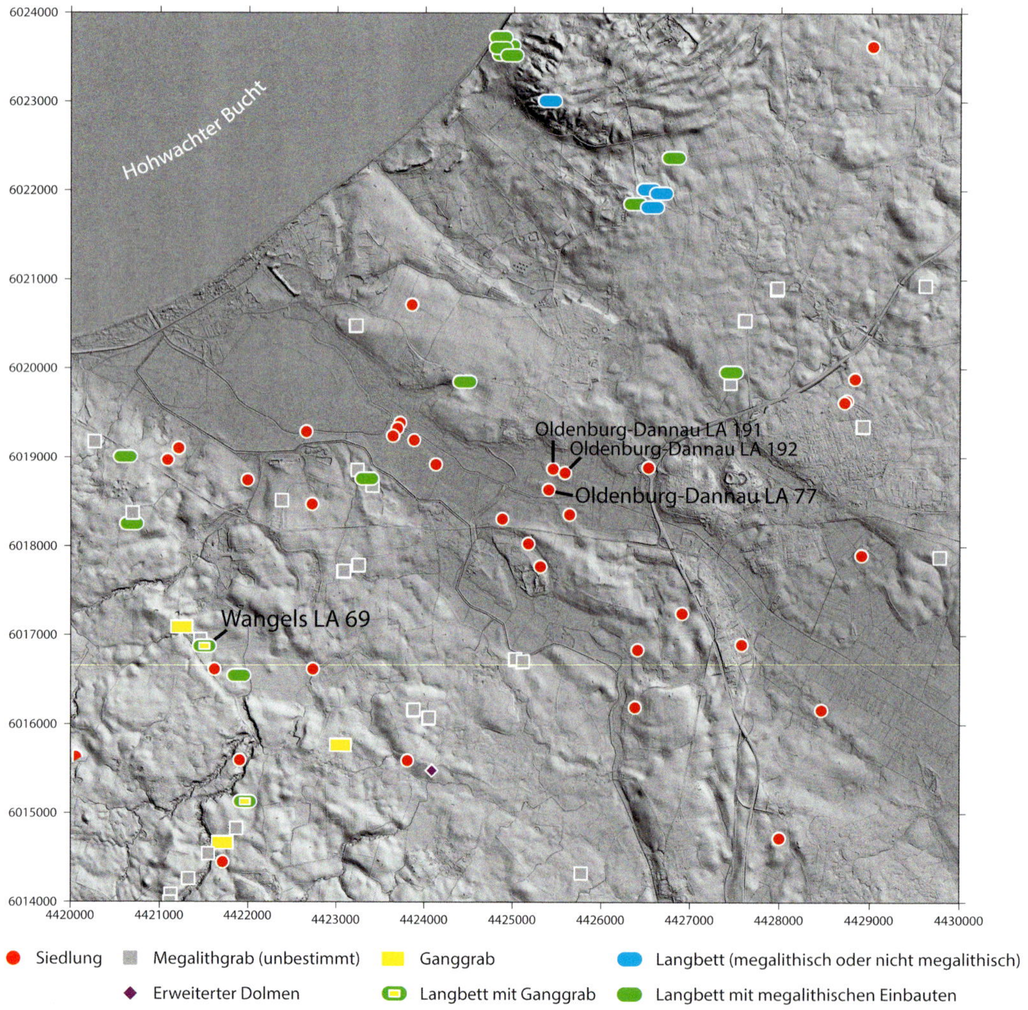

Megalithgräber liegen oft im Hinterland. Dies ist auch am Oldenburger Graben der Fall, wo sich Siedlungen an der ehemaligen Förde und an Bachläufen befinden, während sich die Gräber vor allem an und auf den Moränenzügen konzentrieren.

Fotogrammetriebild der freigelegten Grabkammer von Wangels LA 69. Deutlich ist die unterschiedliche Gestaltung der Quartiere zu erkennen.

Architektur machte die Kammer wasserdicht; der Rundhügel aus Rasensoden und Bodensubstrat deckte die megalithische Kammer komplett ab.

Kurz nach Errichtung der Anlage dürften die ersten Bestattungen eingebracht worden sein, wovon nur noch wenige Zahnreste im sauren Boden erhalten sind. In diesem Zusammenhang wurden innerhalb der Kammer zugleich Beigaben deponiert. Nachdem die Toten in der Kammer lagen, wurden links des Eingangs auf der Innenseite der dortigen Trägersteine immer wieder zahlreiche Gefäße abgestellt, insgesamt 15 Trichterbechertassen, Schalen, Konushalsgefäße sowie auch eine Kugelamphore vom westbaltischen Typ. Ebenfalls an dieser Stelle niedergelegt wurden Bernsteinperlen und eine Doppelaxt vom Typ D2, die als charakteristisch für die Trichterbechernordgruppe der südlichen kimbrischen Halbinsel gilt. Im Rahmen der rituellen Prozesse war es offensichtlich wichtig, den Inhalt bestimmter Gefäße im Grab zu entleeren und sie mit der offenen Seite nach unten abzustellen. Das gesamte Beigabenensemble stammt primär aus der Zeit um 3200/3100 v. Chr., dazu erfolgten zusätzlich Deponierungen in anderen Quartieren.

Wangels LA 69. Arbeitsfoto von zwei auf der Mündung liegenden Gefäßen sowie einer Axt innerhalb der Grabkammer.

Die aus Basalt gefertigte Doppelaxt ist Teil der Gefäßgruppe links neben dem Gangeingang in der Kammer. Solche Doppeläxte dokumentieren in ihrer räumlichen Verbreitung überregionale Netzwerke der trichterbecherzeitlichen Bewohner der südlichen kimbrischen Halbinsel u. a. in der weiten nordmitteleuropäischen Tiefebene. Auch der Stabdolch aus Flint (»dicke Flintspitze«) ist ein besonders prestigeträchtiges Objekt, wie nur selten aus trichterbecherzeitlichen Kontexten bekannt.

Die »Holsteinische Kammer« Wangels LA 69 wurde für Bestattungen einer größeren Gemeinschaft angelegt. Tatsächlich wissen wir, dass Ganggräber primär in höheren Lagen errichtet wurden, wohl weithin sichtbar, im Gegensatz zu den kleineren Dolmen, die sich auch in Niederungen finden. Wangels LA 69 ist mit vier weiteren Anlagen an einem ost-westlich verlaufenden Weg positioniert, der parallel zur Lagune des Oldenburger Grabens verlief. Die größeren Kammern der Ganggräber lassen sich anders als die wohl früher errichteten Dolmen offensichtlich mit den neu entstehenden Dörfern in Zusammenhang bringen, die eine andere Art der Sozialorganisation erforderten.

Der nach 3080 v. Chr. z. B. im Dorf Oldenburg-Dannau erkennbare Wandel – Verfüllung der Brunnen und veränderte Behandlung der Toten hin zur Uferdeponierung von Knochen – erfasst auch das Ganggrab Wangels LA 69. Der Rundhügel wurde durch einen ca. 22 m langen und etwa 10 m breiten Bauabschnitt erweitert und dabei in einen Langhügel von ungefähr 32 m Länge umgewandelt. Um 3000 v. Chr. wurde ein Steinrahmengrab mit einer einzelnen Bestattung auf dem Langhügel angelegt, allerdings erfolgten gleichzeitig Beisetzungen auch in der Kammer. Das Nebeneinander von Individual- und Kollektivgrabsitte an einem Bestattungsplatz ist eigentlich nichts Besonderes. Wir finden ganz Ähnliches beispielsweise auch in Nordjütland. Neu ist allerdings die Betonung der Individualität, die von nun an in der gesamten Grablandschaft immer wichtiger wird und die die beschriebenen Veränderungen innerhalb der Gesellschaft zum Ausdruck bringt.

Gefäße aus der Grabkammer Wangels LA 69. Neben Trichterbechern (4), Konusrandgefäßen (3) und Henkelkrügen (2) fanden sich auch lokale Ausprägungen von Kugelamphoren (1).

Von diesen Vorgängen unberührt bleibt zumindest die Nutzung der Grabkammer in Wangels LA 69. Sie steht weiterhin offen und wird nicht blockiert, wie andernorts durchaus üblich. Radiometrische Daten belegen Aktivitäten in der Kammer bis etwa 2200 v. Chr., wie beispielsweise Manipulationen an der Kugelamphore, die innerhalb der Gefäßgruppe offen sichtbar steht, sowie schließlich auch die Niederlegung einer Riesenbecherscherbe. Erst danach endete die Nutzung der Grabkammer.

Umso erstaunlicher und interessanter ist dabei die Tatsache, dass die Gefäßdeponierungen aus der Zeit um 3200 v. Chr. anscheinend mehr als ein Jahrtausend geschützt und nicht zerstört wurden. Die Geschichten und das Wissen um diese Gefäße und die dort vollzogenen Praktiken behielten so große Macht, dass ein Ausräumen der Grabkammer, wie von anderen Anlagen bekannt, unmöglich war.

Innerhalb der Grabkammer lässt sich eine Fragmentierung der Gefäße primär dort beobachten, wo Kugelamphoren oder Riesenbecher vorkommen, doch gibt es praktisch keine Objekte im Gangbereich. Abgesehen von der langen Zugänglichkeit der Grabkammer, die in Wangels LA 69 nicht nur anhand der

Eine Bestattungszeremonie am Megalithgrab Wangels LA 69 um 3300 v. Chr.

Beigaben, sondern vor allem aufgrund systematischer radiometrischer Daten nachgewiesen werden konnte, sticht insbesondere auch die Unterteilung in drei Quartiere hervor. Solche Einteilungen gibt es in Ostholstein, Mecklenburg-Vorpommern und Südschweden (s. S. 66).

Ausräumen des Brutkamps

Beim Megalithgrab Albersdorf LA 5 »Brutkamp« handelt es sich um einen erweiterten Polygonaldolmen mit einem Kammerinnenraum von 3,3 m^2 bei einer Weite von 2,3 bis 1,8 m. Der mächtige 18 t schwere Deckstein (3,4 m × 2,8 m × 1,4 m) liegt auf den Trägersteinen auf, sodass eine Gesamthöhe von 1,9 m entsteht. Zwei ehemalige Joche, von denen eines ursprünglich der in spätneolithischen Schichten gefundene Schalenstein ist, bilden den mindestens 2 m langen Zugang. Das Megalithgrab liegt im Zentrum eines Rundhügels mit einem Durchmesser von ca. 20 m und einer Höhe von 1,5 m. Die Grabhügeleinfassung genauso wie das Grab selbst bestehen aus granitischen Geschiebeblöcken skandinavischer Herkunft, die ursprünglich vor Ort zugänglich waren. Ausgrabungen vor dem Eingang sollten die Geschichte insbesondere des Hügels rekonstruieren. Hügelschüttung 1, die mit der Errichtung des Grabs in Zusammenhang steht, genauso wie Standspurengruben datieren in die Zeit 3625 bis 3525 v. Chr. Weitere Daten markieren Ausräum- und Niederlegungsprozesse, die am Brutkamp bis in das 32. Jh. v. Chr. reichen. Dabei wurden u. a. ein fransenverzierter Trichterbecher, ein scharf profilierter Trichterbecher und eine Tonscheibe vor dem Kammerzugang deponiert. Andere Keramikeinheiten und die Streuung von krakeliertem Flint belegen eine frühmittelneolithische Teilausräumung der Grabkammer noch während der Trichterbecherzeit, jedoch nicht vor 3400 v. Chr. Etwa 900 Jahre danach im Spätneolithikum wurde der Hügel erhöht, nachdem im Vorfeld dieser Bautätigkeiten »substanzielle Eingriffe« in die Dolmenkammer erfolgt waren und dabei der Gang zerstört worden war. Die Niederlegung von Silexdolchen und ein Ausräumen der Kammer verweisen auf erhebliche Aktivitäten um 2200 v. Chr.

Entnahme- und Verfüllaktivitäten am Großdolmen Lüdelsen

Ein weiteres Beispiel für die komplexen Vorgänge bei Bau und Nutzung der Megalithgrabarchitektur ist der Großdolmen Lüdelsen 3 in der westlichen Altmark. Im Eingangsbereich des mit einem schrägen Zugang versehenen Großdolmen befand sich eine Grube, die im 38. Jh. v. Chr. und damit wesentlich früher als das Grab angelegt worden war. Diese ovale 2 m × 3 m große

Zu einem der bekanntesten Megalithgräber Norddeutschlands gehört der Brutkamp bei Albersdorf in Dithmarschen. Der Deckstein wiegt 18 t.

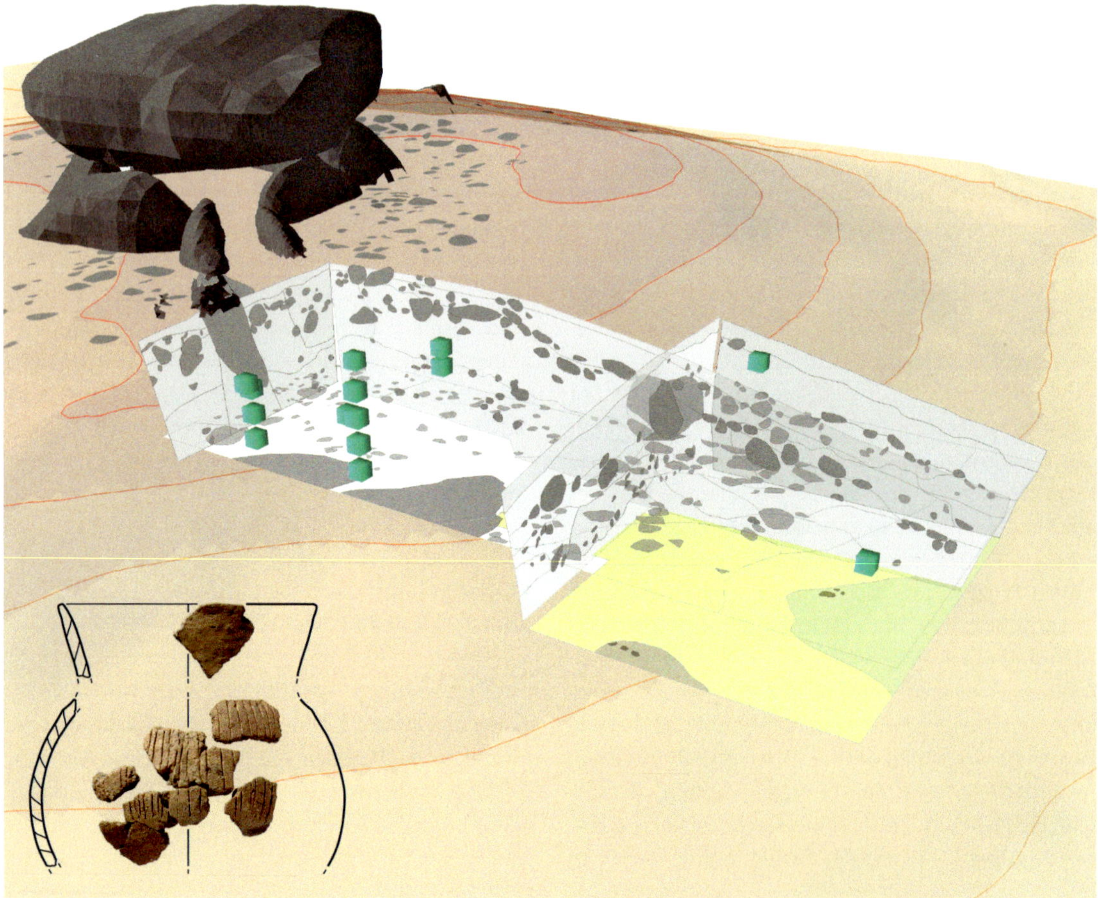

Im Rahmen der zahlreichen Deponierungsprozesse am Brutkamp wurden einzelne Gefäße direkt vor dem ehemaligen Zugang niedergelegt. Hauke Dibbern konnte in seinen Analysen nachweisen, dass z. B. der gezeigte Trichterbecher eine Votivgabe direkt am Grabhügel war, während weiter streuende Scherben von Gefäßen zu Ausräumungsaktivitäten noch während der Trichterbecherzeit gehörten.

Botanische und bodenkundliche Untersuchungen belegen für die Altmark, dass am Megalithgrab Lüdelsen 6 zwar Rodungen für den Bau des Grabs stattfanden, ansonsten aber das Areal der Megalithgrabgruppe in der Trichterbecherzeit wie eine Art »Friedenswald« unberührt gelassen wurde.

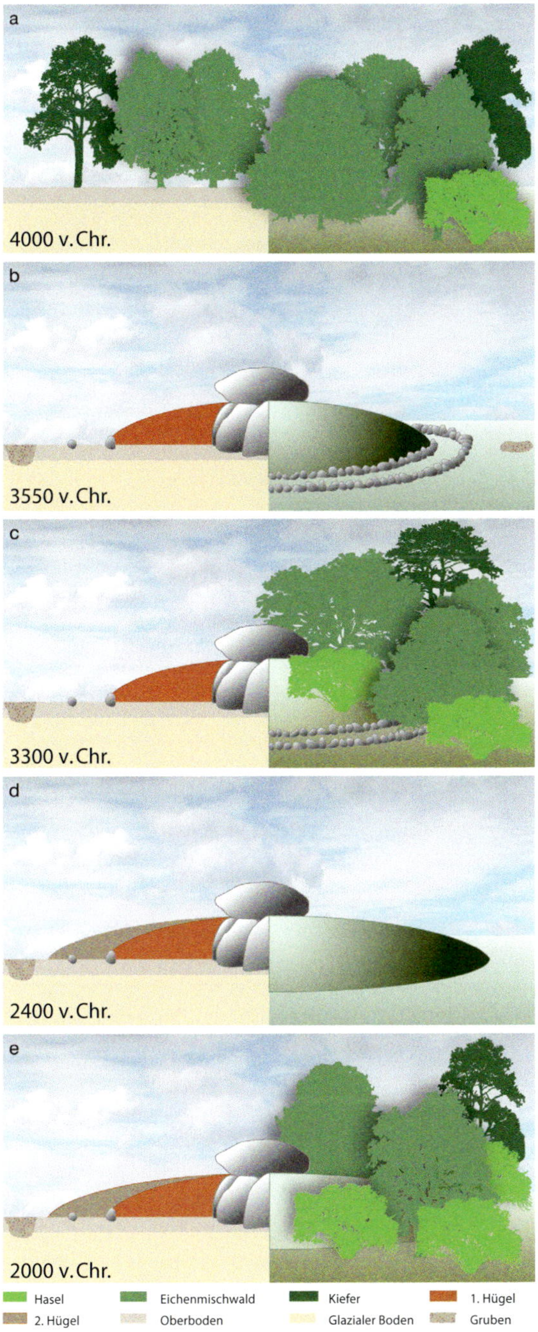

Grube wurde im Laufe der Zeit immer wieder ausgegraben und verfüllt, und auch verschiedene Gefäße hat man darin deponiert. Etwa um 3600 v. Chr. wurde schließlich westlich von der Grube versetzt der Großdolmen aus sieben Träger- und zwei Decksteinen errichtet, wobei der schräge Zugang partiell über der erwähnten Grube verläuft. Ein erster Rundhügel mit Steinumfassung hatte einen Durchmesser von 9,6 m. In die 4,2 m × 2,6 m große Kammer wurden neben Querschneidern und Getreide auch Teile eines kannelierten Trichterbechers eingebracht, der sich an ein Bruchstück aus der Grube anpassen lässt. Wir erkennen folglich, dass Grube und Kammer in ein Ritual integriert waren, bei dem es u. a. um die Deponierung und Zerstörung von Gegenständen im Rahmen von Votivopferungen ging. Weitere Deponierungen in der Grube folgen zu einem späteren Zeitpunkt, wohl um 3300 v. Chr.: Verschiedene Entnahme- und Verfüllaktivitäten am südlichen Trockenmauerwerk der Steinumfassung und Scherbendeponierungen belegen, dass jetzt auch der Hügel in die rituellen Abläufe einbezogen war. Eine zweite ebenfalls trichterbecherzeitliche Steinumfassung betont einen Vorhof vor dem Eingang, wo um 3200 v. Chr. in ca. 3 m Entfernung ein Menhir aufgestellt wurde. Dieser liegt genau in der Sichtachse des Grabzugangs. In dessen Umgebung, im Bereich der Votivgrube und in einer höheren Lage in der Kammer wurden Kugelamphorenscherben entdeckt, die eine intensive Aktivität u. a. auch im kulturellen Kontext anzeigen.

Tatsächlich finden die bekannten rituellen Praktiken bis etwa 2900 v. Chr. statt. Eine erhebliche Veränderung setzt erst um 2400 v. Chr. mit der Niederlegung einer rechtsseitigen Hockerbestattung in die Kammer ein, für die der Gesamthügel durch eine zweite Hügelschüttung auf 25 bis 30 m Durchmesser erweitert wurde. Auch wenn sich aufgrund der verwesten Knochen das eigentliche Bestattungsritual nicht fassen lässt, helfen die bodenkundlichen und pollenanalytischen Ergebnisse, die Fundzusammenhänge zu rekonstruieren. So konnte sowohl aus sedimentologischer als auch palynologischer Sicht belegt werden, dass der Bauplatz gerodet wurde, dass aber sonst keine weiteren Aktivitäten im Wald stattgefunden haben und eine rasche Wiederbewaldung eingesetzt hat.

Graben, Deponieren, Manipulieren

In der Konsequenz wird deutlich, wie nicht nur der eigentliche Umgang mit den Toten, sondern insbesondere auch die zahlreichen rituellen Handlungen am Grab selbst in Zusammenhang mit der Megalitharchitektur stehen. Es sind die Zugänglichkeit oder Geschlossenheit der Grabkammer, die Zerscherbung oder auch der Respekt vor offensichtlich tabuisierten Gefäßen, die eine Vielfalt an rituellen Handlungen erkennen lassen. Votivgaben stehen oft in Verbindung mit Gruben oder dem Graben am Hügel – eine Auseinandersetzung mit dem Boden, wie wir sie von einer anderen Kategorie ritueller Monumente kennen, den Grabenwerken.

Borgstedt – ein Mix aus Dolmen und Hügeln

Ein besonderes Beispiel eines trichterbecherzeitlichen Friedhofes liegt aus Borgstedt vor. Radial angelegt, nimmt er direkten Bezug auf Siedlung und Grabenwerk Büdelsdorf. Er besteht aus verschiedenen Grabmonumenten unterschiedlichster Zeitstellung. Eine Vielfalt an eingehegten Grabstrukturen und Kammerformen prägt den Friedhof und bewirkte für den prähistorischen Menschen ein diverses Bild »individueller Architektur«.

Bei Borgstedt LA 22 hegen Pfostenpaare im Abstand von 1,2 bis 1,8 m eine rechteckige Fläche von 11 m Breite und 59,5 m Länge ein. Die etwa 260 Pfostenpaare mit noch einer Tiefe von bis zu 70 cm und Durchmessern bis zu 80 cm verweisen auf eine ursprünglich mächtige Anlage, die im 39. Jh. v. Chr. errichtet wurde. Ein erweiterter Dolmen von 2 m × 2 m Grundfläche dürfte später hinzugefügt worden sein. Borgstedt LA 23 weist eine vergleichbare Struktur auf mit einzelnen, allerdings nicht so dicht gestellten Pfosten. Während sich bei diesen beiden Einhegungen keine Hinweise auf eine Überhügelung erkennen lassen, gibt es bei den Langbetten Borgstedt LA 27, LA 29, LA 31 und LA 32 Grubensysteme mit mächtigen Entnahmegruben, die auf eine Überhügelung der Langbetten hinweisen (s. S. 28). Bei LA 27 wurde nie ein megalithischer Einbau vorgenommen, stattdessen sind Reste eines 2,5 m × 1 m großen Flachgrabs erhalten. Schließlich erkennen wir Steineinfassungen mit Megalithen wie bei Langbett LA 26 oder Rundhügel LA 28.

In neun der zehn Borgstedter Monumente wurden 13 erweiterte Dolmen unterschiedlicher Größe eingebaut, die aufgrund ihrer Zerstörung nur noch partiell rekonstruierbar sind. Kleinere Dolmen finden sich als spätere Einbauten in den nichtmegalithischen Einhegungen bzw. Langhügeln. Hinzu kommen 18 Flachgräber sehr unterschiedlicher Form: einfache Erdgruben-, Holzkammer-, Steinrahmen- oder Steinpackungsgräber und solche vom Typ Konsens Høj. Zusätzlich sind zwei Steinkistengräber dokumentiert, die von den Ausgräbern auch als Miniaturdolmen bezeichnet wurden. Das Gräberfeld lag an einem Weg, sodass Vorbeikommende das Potpourri an unterschiedlichen Grabtypen wahrnehmen konnten.

Das Luftbild von Wolfgang Bauch aus dem Jahre 1972 zeigt die bereits verschliffenen Grabanlagen des Gräberfelds Borgstedt.

Reste der ehemaligen megalithischen Einfassung des Langbetts LA 26 in Borgstedt. Die Standgruben sind deutlich erkennbar; in der Mitte und oben im Bild ebenso die Flächen ehemaliger Dolmen.

Zuerst profan, dann rituell

Grabenwerke nach vergleichbarem Bauprinzip

Frühe Geschichte

Rituelle und profane Einhegungen haben im europäischen Neolithikum und Chalkolithikum eine lange Tradition. Aus Südosteuropa kennen wir eingehegte Siedlungen bereits aus der Zeit um 6200 v. Chr. bzw. im Bereich der unteren Donau oder von der bulgarischen Schwarzmeerküste befestigte Siedlungen aus der beginnenden Kupferzeit. Darüber hinaus gab es befestigte spätneolithische Siedlungen im Karpatenbecken. Auch in Mitteleuropa wurden bereits während der Bandkeramik Siedlungen durch Gräben eingehegt, z. B. Köln-Lindenthal. Diese frühen Einhegungen umgaben ausschließlich Siedlungen, keine eigenständigen Plätze mit ritueller Funktion. Doch schon am Ende der Bandkeramik um ca. 5000 v. Chr. ändert sich dies, und es zeigt sich ein neues Phänomen: Grabenwerke außerhalb von Siedlungsstrukturen, die offensichtlich nichts mehr mit dem Schutz bewohnter Areale zu tun haben, wie Langweiler 8 am Niederrhein oder im elsässischen Rosheim. Es entwickeln sich rituelle Grabenwerke, die mit Graben, Wall und Palisadenzäunen eine innere Fläche vom Äußeren trennen und Platz für Opferungen oder andere Handlungen bieten. Sie begründen die besondere Tradition der Kreisgrabenanlagen, von denen bisher etwa 170 bekannt sind. Sie bestehen teils aus mächtigen Holzpalisaden und wurden vom Karpatenbecken bis ins Rheinland nach einem exakt vergleichbaren Bauprinzip errichtet. Ihr Durchmesser beträgt etwa 120 m, meist in der Mitte der Anlage befinden sich Opfergruben, Erdbrücken zwischen Wall und Graben dienen als Eingänge, und sie nehmen stets Bezug zu markanten Stellen in der Landschaft. Der größte Teil dieser Kreisgrabenanlagen stammt aus dem 48. und 47. Jh. v. Chr.

Im südöstlichen Mitteleuropa, in Süddeutschland und Zentralfrankreich gibt es auch noch Mitte des 5. Jt. vergleichbare Grabenwerke, doch danach sind sie in praktisch allen Regionen der nördlichen Mittelgebirgszone inklusive Mittelelbe-Saale- sowie Mittel- und Niederrheingebiet verschwunden. Während wir also z. B. im Karpatenbecken eine mehr oder weniger durchgehende Tradition der Errichtung und Nutzung von Grabenwerken vorfinden, ist dies in weiten Teilen Mitteleuropas nicht der Fall. Ein Hiatus trennt die bandkeramische und nachbandkeramische Entwicklung von späteren Grabenwerkstraditionen.

Im Gegensatz dazu erkennen wir hauptsächlich im Pariser Becken eine sonst in Mitteleuropa zu dieser Zeit nicht bekannte Tradition des Grabenwerkbaus. Zusammen mit den ältesten nichtmegalithischen Langhügeln vom Typ Passy sind aus den so genannten Phasen Blique des Epirössen und aus Cerny einige Grabenwerke dokumentiert, die in Aussehen und Dimension direkt überleiten zur Grabenwerkstradition des Chasséen/frühesten Michelsbergs. Die frühen Grabenwerke der sich im westlichen Mitteleuropa entwickelnden neuen Tradition von Einhegungen datieren offensichtlich in die Zeit um 4400 v. Chr. Sie umschließen Flächen von mehreren Hektar, in denen sich

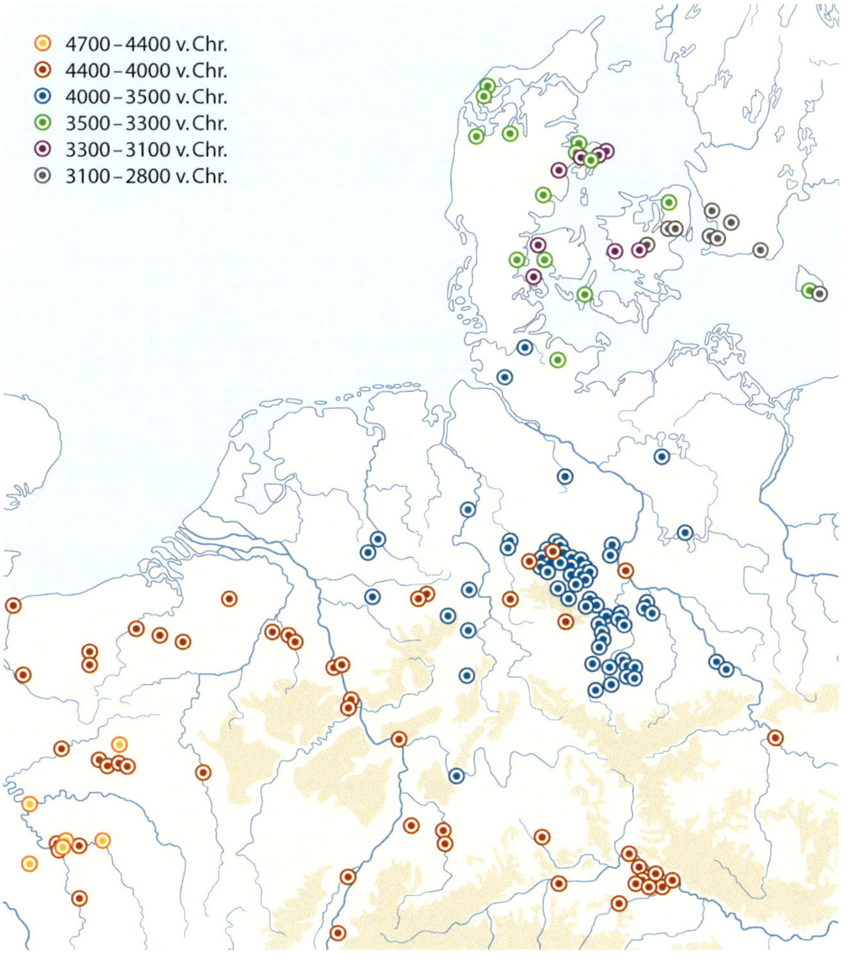

Trichterbechergrabenwerke lassen sich auf eine Grabenwerkstradition zurückführen, die bis ins Pariser Becken reicht. Von dort verbreitete sich die rituelle Neuerung wie eine »Wetterfront« von West nach Ost, wie es Jens Lüning einmal ausdrückte.

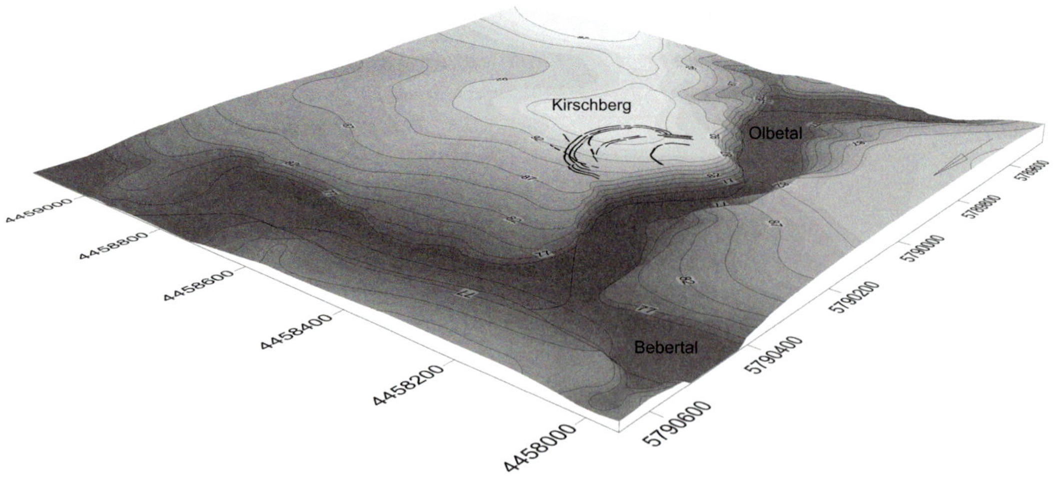

Zu einem der ältesten Grabenwerke Mittel- und Norddeutschlands gehört die Anlage vom Kirschberg bei Hundisburg, Sachsen-Anhalt. Die Anlage wurde um 4300 v. Chr. errichtet und diente offensichtlich als Umgrenzung einer Siedlung.

zumeist keine Hinweise auf Siedlungshinterlassenschaften finden. In der Anlage des nordostfranzösischen Mairy stehen wenige sehr große Rechteckhäuser mit Wandgräbchen und Innenunterteilungen, die vielleicht als Versammlungsräume oder für rituelle Aktivitäten gedient haben könnten. Unabhängig davon lässt sich hier eine ganz neue archäologische »Kultur« fassen, die uns mit unverzierter Keramik mit gerundeten Böden, spitznackigen Beilen, Bestattungen und Knochendeponierungen in siloartigen Gruben und eben entsprechenden Grabenwerken entgegentritt.

Die erwähnten kulturellen Innovationen des Westens verbreiten sich mit den Worten Jens Lünings wie eine »Wetterfront« von West nach Ost, vom Pariser Becken bis an den Westrand des Harzes. Die Einflussnahme zeigt sich etwa im 43. Jh. v. Chr. in relativ frühen Grabenwerken mit einer neuen Form des rituellen Lebens, wie im thüringischen Urbach oder in Einbeck »Kühner Höhe«. Die neue Michelsberger Kultur wird zwischen 4100 und 3500 v. Chr. in vielen Bereichen Mitteleuropas die Lebensweise verändern. Bei der Datierung der Grabenwerke wird deutlich, dass zunächst die Lössgebiete zwischen bayerischen Gäuböden und Hildesheimer Börde von den Veränderungen berührt wurden.

Wir beobachten weiterhin, wie eine Vermischung unterschiedlicher Einflüsse in den östlichen Randgebieten der Michelsberger Verbreitung andere Entwicklungen bewirkte als im übrigen Mitteleuropa. Beispielsweise am Nordrand der mitteldeutschen Lösszone, an der Nordgrenze der Magdeburger Börde in Hundisburg-Olbetal auf dem Kirschberg liegt ein von Matthias Lindemann, Christoph Rinne und Kay Schmütz ausgegrabenes Grabenwerk, das sowohl Michelsberger Elemente aufnimmt als auch solche südöstlicher Gruppen, die als Spätlengyel oder Gatersleben bezeichnet werden. In der materiellen Kultur sind Keramikformen entdeckt worden, die gerne als »Schiepzig« bezeichnet werden und sowohl Michelsberger als auch Spätlengyel-Elemente aufweisen. Das dortige Grabenwerk hat eine Größe von ca. 8 ha, besitzt Spitzgräben und umschließt Siedlungshinterlassenschaften. Eine solche Kombination ist aus dem westlichen Verbreitungsgebiet der gleichzeitigen Grabenwerke nicht bekannt. Die drei Gräben besaßen eine mit dornigen Sträuchern bestückte und durchaus

Die Tiefe der Spitzgräben nimmt in der Anlage vom Kirschberg bei Hundisburg von außen nach innen ab, was für Verteidigungszwecke praktisch gewesen sein dürfte. Botanische Analysen konnten dornenhaltige Gewächse in den Gräben identifizieren.

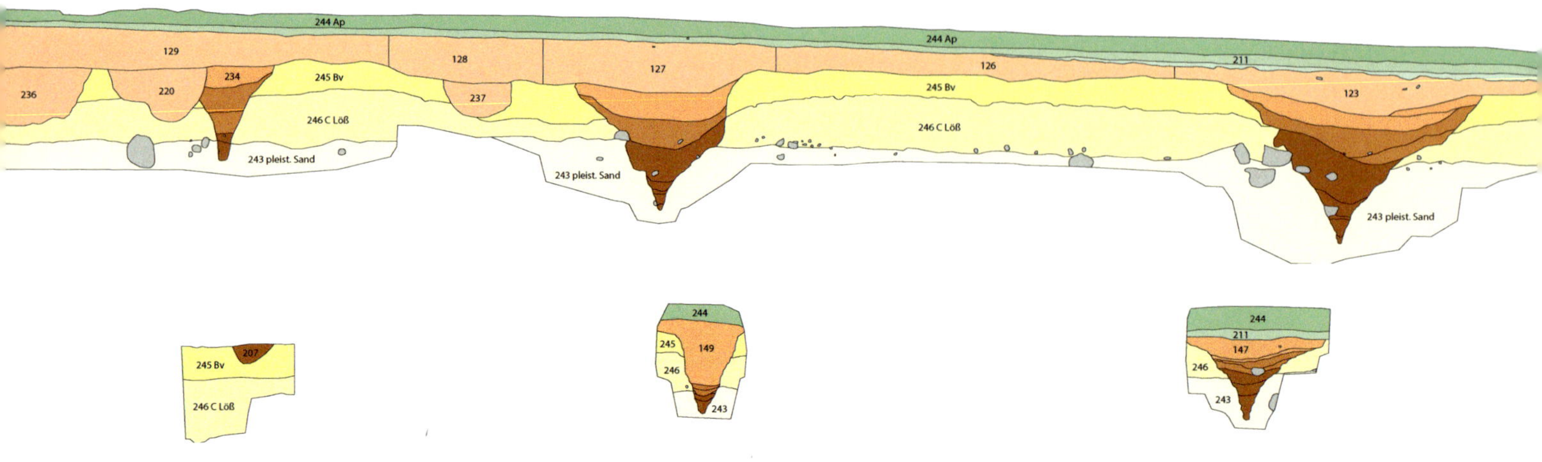

Auf dem Kirschberg bei Hundisburg fanden sich zahlreiche Kegelstumpfgruben innerhalb der Anlage, die wahrscheinlich zur Lagerung von Getreide dienten. Dies entspricht den Verhältnissen um 4100 v. Chr. in weiten Gebieten Europas, wo Vorräte in entsprechenden Gruben gelagert wurden.

zur Verteidigung geeignete Einfriedung, wobei die Tiefe der Gräben von außen nach innen abnimmt. Eine solche Formationsabfolge erschwerte den Zugang erheblich. Neben Gruben mit Siedlungshinterlassenschaften sind am inneren Rand des inneren Grabens Kegelstumpfgruben angelegt worden, die mit der Vorratshaltung von Getreide in Verbindung gebracht werden. Solche Gruben kommen sowohl im westlichen Michelsberger als auch im östlichen Lengyel-Bereich vor. Hundisburg-Olbetal datiert in die Zeit um 4100 v. Chr., also in eine Phase, als die Michelsberger Einflüsse noch recht früh sind.

In späteren Jahrhunderten finden wir dann, offensichtlich auf diesen Traditionslinien aufbauend, weitere Grabenwerke – in der westlichen nördlichen Mittelgebirgszone und im Rheinland die Michelsberger, im mitteldeutschen Raum vor allem die Baalberger Tradition. Bereits hier ist eine mögliche Vielfalt auch in ihrer Funktion auszumachen: Rein rituelle Anlagen wechseln sich mit solchen ab, die eher mit Siedlungsaktivitäten in Verbindung stehen.

Trichterbecherzeitliche Grabenwerke

Unabhängig von diesem zwar gegenüber dem Pariser und dem Karpatenbecken versetzten zeitlichen Auftreten der Schiepzig-Grabenwerke, die unter Einfluss des frühen Michelsbergs stehen, finden wir in der Trichterbechertiefstich- und der -nordgruppe die frühesten Grabenwerke etwa im 38. Jh. v. Chr. Zu den ersten Grabenwerken gehören in diesem Zusammenhang das tiefstichkeramische Walmsdorf bei Uelzen sowie Albersdorf-Dieksknöll und Büdelsdorf der Trichterbechernordgruppe. Tatsächlich ist auch aus Nordjütland mit Liselund am Limfjord ein Grabenwerk bekannt, das entsprechend früh datiert. In Nordostdeutschland finden sich gleichzeitig Grabenwerke im mecklenburgischen Plate unter Baalberger Einfluss aus dem mitteldeutschen Raum. Etwa zwei Jahrhunderte später verbreitet sich die Sitte, Grabenwerke zu errichten, weiter nach Dänemark, um schließlich im 33. Jh. v. Chr. auch Bornholm und möglicherweise Südschweden zu erreichen.

Erstaunlicherweise bleibt die Trichterbecherwestgruppe zumindest nach bisherigen Erkenntnissen frei von Grabenwerken. Einzig bei den Palisadenzäunen aus Hunte 1 könnte es sich um Inselsiedlungen mit frühen Zauneinhegungen handeln, die möglicherweise dem Charakter von Grabenwerken nahekommen. Zusammenfassend lässt sich feststellen, dass Trichterbechergrabenwerke im Verhältnis zum Auftreten ältester agrarischen Hinterlassenschaften, erster Trichterbecherkeramik und auch zu frühesten Michelsberger Einflüssen ein um mehrere Jahrhunderte versetztes Phänomen sind. Zu Letzteren zählen die Übernahme des spitznackigen Beils bereits um 4100 v. Chr. sowie erste Michelsberger Keramikformen z. B. in Gruben von Flintbek oder Gräbern wie Dragsholm. Daran wird deutlich, dass keinesfalls eine Migration aus Michelsberger Arealen in den norddeutschen und südskandinavischen Raum stattgefunden hat, sondern dass vielmehr praktische und rituelle Elemente im Rahmen persönlicher Netzwerke übernommen und variiert wurden (was natürlich die Mobilität einzelner Individuen nicht ausschließt).

Betrachten wir die bekannten norddeutschen Grabenwerke der Trichterbechergesellschaften näher, werden Muster erkennbar, die auf einen hohen kommunikativen Charakter der Anlagen hindeuten. In Walmstorf bei Uelzen konnte bei einer Rettungsgrabung das bereits erwähnte Grabenwerk dokumentiert werden, das eine Größe von 5 ha aufweist und offensichtlich aus zwei Phasen – um 3800 v. Chr. und ab ca. 3600 bis 3000 v. Chr. – besteht. Das Grabenwerk selbst dürfte zunächst ein früher zentraler Ort für rituelle Aktivitäten gewesen sein, um den nachfolgend zahlreiche Megalithmonumente errichtet wurden. Neben den länglichen Grabensegmenten ist der Eingang erwähnenswert, an dem verschiedene Pfostensetzungen eine Blockade bilden.

Immer wieder ausgraben und verfüllen

Weiter nördlich ist das Grabenwerk Albersdorf-Dieksknöll in Dithmarschen zu nennen, dessen Ausmaße in etwa denen von Walmstorf oder anderen frühen Exemplaren entsprechen. Die Anlage mit zahlreichen Grabensegmenten und einer Holzpalisade dahinter wurde im 38. Jh. v. Chr. erbaut und weist ebenfalls einen besonderen Einbau im Eingangsbereich auf. Hierbei handelt es sich um eine tiefe Quergrube von 4 m Länge und 2,3 m Tiefe, eingerahmt von zwei breiten Eichenpfosten, die zur weiträumigen Sichtbarkeit des Grabenwerks beigetragen haben. Es wurde auf einem Geländesporn am Zusammenfluss zweier kleiner Wasserläufe angelegt, aber getrennt von gleichzeitigen nichtmegalithischen Langhügeln östlich des Bereichs. Sowohl Grabenwerk als auch Langhügel wurden in den nachfolgenden Jahrhunderten weiter genutzt bzw. zu Megalithgräbern »umgebaut«, sodass die kleinregionale Teilung zwischen Grabenwerk und Begräbnisplätzen erhalten blieb.

In der Anlage selbst fällt auf, dass die Gräben immer wieder ein- und ausgegraben wurden (s. S. 13), dass dies aber in länger werdenden zeitlichen Abständen geschah. Während der Graben in den ersten Jahrhunderten noch alle zwei bis drei Generationen ausgehoben und wieder verfüllt wurde, erfolgte dies ab ca. 3400 v. Chr. nur noch ungefähr alle sechs bis acht Generationen. Interessanterweise lässt sich das gleiche an der erwähnten Quergrube feststellen. Auch wenn sich die Frequenz also offensichtlich reduziert hat, wurde das Grabenwerk dennoch beständig weiter genutzt.

Insgesamt können mindestens 21 Ausgrabungs- und Verfüllereignisse identifiziert werden. Die ersten drei zwischen 3880 und 3660 v. Chr. betrafen sowohl die Quergrube als auch die Grabensegmente und wurden durch ein Brandereignis abgeschlossen. Spätestens um 3520 v. Chr. gab es ein zweites Brandereignis, dem u. a. die bereits zu Beginn der Grabenwerksnutzung errichtete innere Palisade zum Opfer fiel. Auch die weithin sichtbaren Pfosten der Quergrube dürften zu dieser Zeit abgebrannt sein. Unter veränderten Bedingungen wurde das Grabenwerk dann ab 3520 v. Chr. weiter genutzt: Mindestens acht Ausgrabungs- und Verfüllereignisse bis etwa 2920 v. Chr. verweisen auf die lebendige Erinnerungskultur und die nach wie vor wichtige Funktion des Grabenwerks. Zumindest die letzte Verfüllung der Quergrube zwischen 3010 und 2920 v. Chr. mit Brandschutt dokumentiert ein weiteres Feuer.

Auch zwischen 2880 und 2640 v. Chr. deuten Verfüllhorizonte mit Brandereignissen auf die Bedeutung des »Feuers« im Rahmen der kultischen Handlungen hin. Diese Ereignisse setzten sich bis 2480 v. Chr. fort, ebenfalls mit Feuereinwirkungen. »Vielmehr muss nun von einer kontinuierlichen Nutzung über den genannten Zeitraum von mehr als einem Jahrtausend ausgegangen werden, die erst mit einem letzten Recutting und Infilling zur Zeit der Einzelgrabkultur endet. Sie äußert sich jedoch nach wie vor nur über wenige Manipulationen, die in größeren zeitlichen Abständen erfolgen«, so der Ausgräber Hauke Dibbern.

So unscheinbar das Grabenwerk Albersdorf-Dieksknöll wirkt, so aufschlussreich sind doch seine stratigrafischen Verhältnisse:

- Im 39. oder 38. Jh. v. Chr. wird eine weithin sichtbare Anlage errichtet mit Graben, Palisade und einer Grube am Eingang mit 6 bis 7 m hoher Pfostenmarkierung. Sie brennt spätestens um 3520 v. Chr. ab.
- Unter Einbeziehung der Grabensegmente und der Quergrube finden rituelle Handlungen statt, doch ist die Anlage jetzt weder weiträumig sichtbar noch ist das Innere vollständig von einer Palisade umgeben. Auch diese wohl etwa sechs Jahrhunderte andauernde Nutzung wird durch ein Ereignis beendet, bei dem erstmals wieder »Feuer« eine Rolle spielt.
- Das in und an den Gräben stattfindende Ritual ändert sich zwischen 2880 und 2480 v. Chr. drastisch. Die Ausgrabungen und Wiederverfüllungen sind nun eng mit Feuer verbunden, das in dieser Phase offensichtlich ein wichtiges Element darstellt. Erst danach wird das Grabenwerk aufgegeben.

Sowohl die über 1200 Jahre währende Geschichte des Grabenwerks als auch die Veränderungen (Graben-/Palisadenanlage, gefolgt von Grabennutzungen ohne Feuer, gefolgt von Grabennutzungen mit Feuer) verweisen auf die lange Erinnerungskultur, die offen-

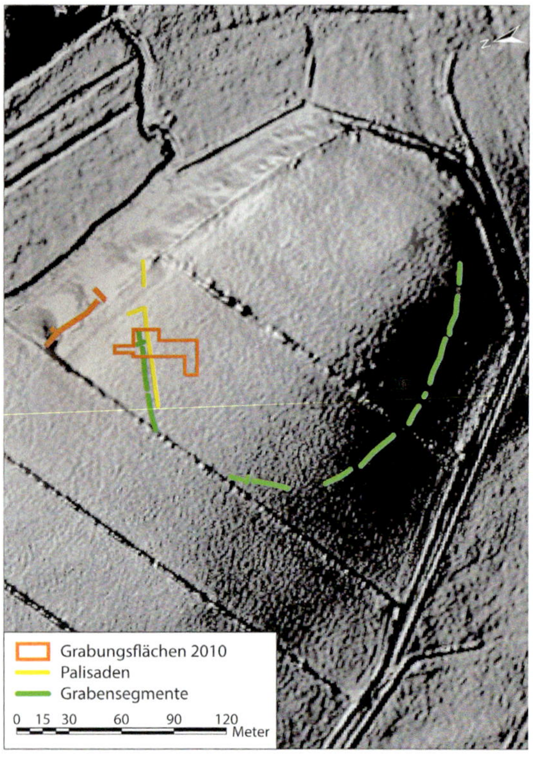

Ein frühes Grabenwerk der Trichterbechergesellschaften findet sich am Dieksknöll bei Albersdorf. Die um 3700 v. Chr. errichtete Anlage besteht aus Grabensegmenten und einer Palisade. Eine Quergrube in einem Eingangsbereich, freigelegt 2010 von Hauke Dibbern, ist als Einbau aufzufassen, wie er auch bei südlicheren Grabenwerken der Michelsberger Gemeinschaften vorkommt.

Wie wichtig Grabenwerke in den neolithischen Kommunikationsnetzwerken waren, belegt u. a. der Abdruck eines »Spaghetti-Weizens« auf einem Tonteller, der in einem Grabensegment deponiert wurde und aus der Zeit um 3700 v. Chr. stammt.

sichtlich kanonisiert in der damaligen Gesellschaft verankert war. Obwohl die beiden Brüche um 3520 v. Chr. und 2900 v. Chr. einen Wandel bedeuten, wie er z. B. auch bei der Überlagerung von Moscheen durch Kirchen oder umgekehrt zu beobachten ist, bleibt die Grundbedeutung des Platzes mit seinen Gräben erhalten: Die Neuausgrabungen gehen nie über die ursprüngliche Grabenstruktur hinaus. Zugleich lässt sich die gewandelte Geisteshaltung im rituellen Brauchtum mit Veränderungen in der übrigen Gesellschaft in Bezug setzen: Insbesondere der Bruch um 2900 v. Chr. entspricht dem Wechsel hin zur Einzelgrabkultur; der um 3520 v. Chr. dem von Frühneolithikum 1 zu Frühneolithikum 2, wobei auch die Variabilität der materiellen Hinterlassenschaften ab 3500 v. Chr. abnimmt.

Interessanterweise korrelieren die Veränderungen im Bereich von Grabensegmenten und Palisade um 3520 v. Chr. mit dem Beginn der Belegung des Polygonaldolmens Albersdorf-Brutkamp, der zwischen 3600 und 3520 v. Chr. in nur 1,5 km Entfernung erbaut wurde. Während das Grabenwerk abgebrannt, aber weiter genutzt wurde, hat man das Megalithgrab errichtet und bis etwa 3100 v. Chr. offensichtlich vielseitige Handlungen wie das Einbringen und Ausräumen von Gegenständen durchgeführt, möglicherweise analog zu den Prozessen im Grabenwerk. Auch die nichtmegalithischen Langbetten von Albersdorf-Bredenkamp, die wohl im 38. Jh. entstanden sind, verändern ihren Charakter durch den Einbau von Megalithgräbern.

Unklar bleibt, zumindest in der zeitlichen Staffelung, wie sich die Veränderungen auf den Innenbe-

Rekonstruktionszeichnung des Grabenwerks Dieksknöll: Trichterbechergrabenwerke sind Plätze für Versammlungen und keine Siedlungen. Die rituellen Handlungen führen zu einem relativ geringen Fundniederschlag, auch wenn oft profane Tätigkeiten wie Beilproduktion mit den Festen in Verbindung stehen. Wohl 4 bis 6 m hohe Eichenpfosten am Eingangsbereich machten das Grabenwerk weithin sichtbar.

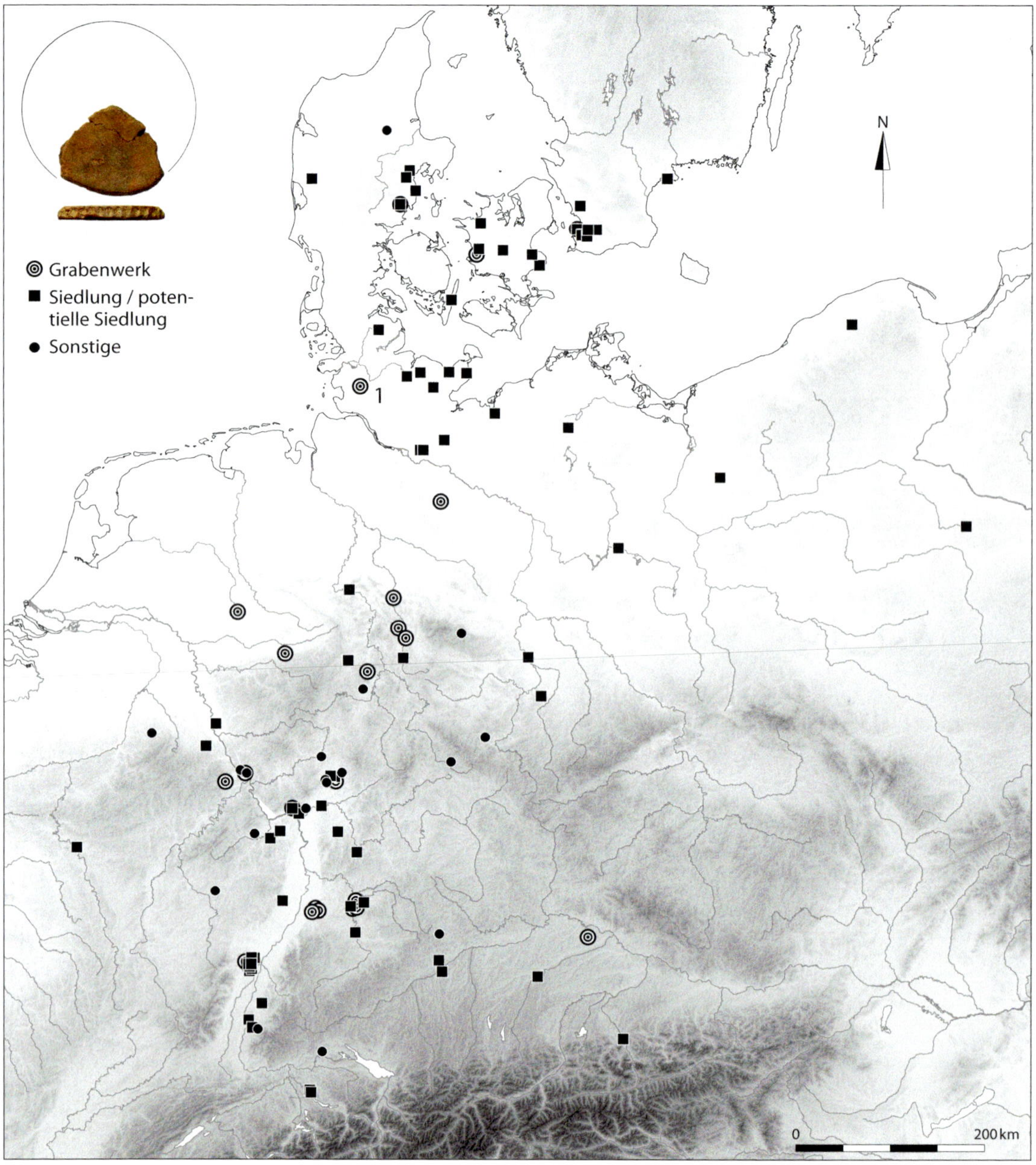

Die Verbreitung von Tonscheiben mit Fingerkuppeneindrücken belegt die Gemeinsamkeiten zwischen dem Rheinland und dem westlichen Ostseeraum. Auch sie spielen in den Grabenwerken eine wichtige Rolle, wie die Funde u. a. aus Albersdorf-Dieksknöll (1) zeigen.

Nur schwer nachvollziehbare Hintergründe einer wohl animistischen Religion erforderten Riten, die am Übergang zwischen innen und außen z. B. am Grabenwerk Albersdorf-Dieksknöll durchgeführt wurden. Ein- und Ausgraben von Bodensubstrat, die Deponierung willentlich zerbrochener Gegenstände sowie von Tier- und Menschenknochen gehörten zu den spirituellen Aktivitäten.

reich des Grabenwerks auswirkten. Es gibt Hinweise, dass das Innere wohl nur kurzfristig genutzt wurde: Drei Wege führen von außen radial auf Plätze zu, wo Beilabschläge entdeckt wurden und anscheinend Holzarbeiten stattfanden. Diese Plätze werden mit den Arbeiten für die Palisade in Bezug gesetzt. Ansonsten enthält der Innenbereich weder Funde noch Befunde, was die Vorstellung einer primär rituellen Funktion der Anlage unterstützt. Im Gegensatz etwa zu süddeutschen Michelsberger Grabenwerken mit Gruben, die dort auch als Hinweise für Siedlungs- und Wohnfunktionen verstanden werden, liegen hier eindeutig rituelle bzw. politische Strukturen vor.

Dass es sich um einen entsprechenden »Versammlungsplatz« handelt, wird aufgrund der geringen Fundmengen deutlich. Im Vergleich zu Siedlungsgruben oder auch Gräbern ist der Fundanfall verschwindend gering. Auch gibt es keine Hinweise darauf, dass ein größerer Bereich des Platzes aberodiert sein könnte.

Umso auffälliger sind die Deponierungsabläufe in den Gräben. Gefäße wurden bewusst zertrümmert, um diese dann in unterschiedlichen Grabensegmenten niederzulegen. Die besondere Bedeutung des Platzes kommt auch durch die überregionalen Verbindungen der materiellen Kultur zum Ausdruck. So wurden Tonscheiben entdeckt, die wir primär aus dem Michelsberger Bereich kennen und die südliche Einflüsse aufzeigen. Auch der Spaghetti-Weizen stammt aus dem Süden, etwa aus Bischberger Zu-

Grabenwerke haben oft eine zentrale Position entlang von Kommunikationswegen. So liegt das Grabenwerk Albersdorf-Dieksknöll (1) an einem Knotenpunkt von Wegesystemen sowohl um 3700 v. Chr. als auch nach der erheblichen Landöffnung nach 3600 v. Chr. Die grünen Flächen gehörten im Neolithikum noch zur Nordsee.

sammenhängen. Und für den Einbau bzw. Querriegel gibt es ebenso verschiedene Abwandlungen auch älterer Zeitstellung weiter südlich. Demnach waren offensichtlich der Zugang zu und die Verteilung von fremden Gütern im Rahmen der vorgenommenen Feste oder Treffen entscheidend, was die nichtökonomische Funktion des Platzes erneut betont. In Hinblick auf die Vegetation wurden Pflanzenreste und Sträucher aus der direkten Umgebung des Dieksknöll nachgewiesen, z. B. auch aus der Gieselauniederung. Alles in allem hebt sich Alberdorf-Dieksknöll also von den gleichzeitigen Siedlungsfundplätzen der Region ab.

Albersdorf in Westholstein befindet sich in einer besonderen geografischen Lage. Unter Berücksichtigung des damaligen Meeresspiegels und der fehlenden Eindeichung erkennen wir drei größere, gefächerte Halbinseln, die zum Festland hin bei Albersdorf durch eine größere Siedlungslandschaft verbunden sind. Die Verteilung der neolithischen Siedlungsstellen zeigt darüber hinaus bestimmte Schwerpunkte, die mit küstennahen Silexwerkstätten einhergehen. Betrachten wir die Ausrichtung der Langhügel sowie die Lage von Megalithgräbern und bronzezeitlichen Grabhügeln, ergeben sich Wegesysteme, die bereits die neolithische Landschaft durchzogen und an denen sich auch die neolithischen Langhügel orientiert haben. Interessanterweise sind die Langhügel in der Nähe des Dieksknöll sehr unterschiedlich ausgerichtet, was sicherlich durch das Zusammentreffen mehrerer Wege bedingt ist. Entsprechend lässt sich nicht nur die besondere Position des Grabenwerks im Wegesystem rekonstruieren, sondern tatsächlich deuten auch die jungneolithischen Grabhügel eine entsprechende Verteilung in der Landschaft an, was eine weitere Nutzung des Grabenwerks auch zurzeit der Einzelgrabkultur bestätigt.

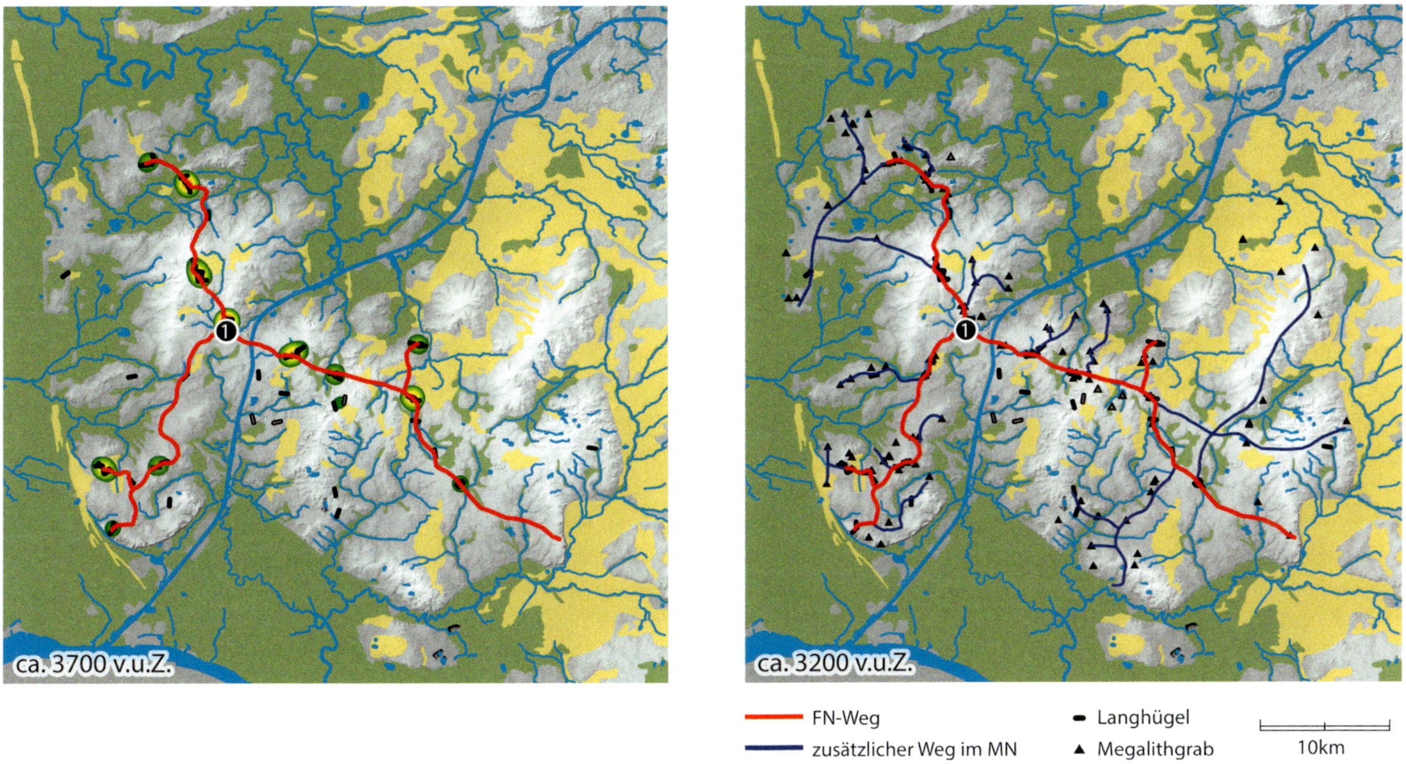

Das Grabenwerk Büdelsdorf gehört mit seinen drei Grabensystemen und den Palisaden zu einem der frühesten und komplexesten Anlagen dieser Kategorie in Südskandinavien.

Büdelsdorf – ein wichtiger Verkehrsknotenpunkt

Mit dem Grabenwerk Dieksknöll haben wir einen Fundplatz in ganz herausragender Position kennengelernt: Lokal wurde er durch zwei Täler von der restlichen »Welt« abgetrennt, regional lag er an der Kreuzung verschiedener Kommunikationswege, und überregional war er in wichtige Nord-Süd-Achsen eingebunden. Eine vergleichbare Situation zeigt sich am Grabenwerk Büdelsdorf LA 1.

Es liegt an der mittleren Eider, einerseits am Ochsenweg, eine bereits in neolithischer Zeit durch die Orientierung der Langbetten und der Hügel belegte Nord-Süd-Verbindung. Andererseits an einer Stelle, wo die Ost-West-Distanz zwischen Nord- und Ostsee am schmalsten war. Entsprechend können wir auch hier davon ausgehen, dass ähnlich wie in Albersdorf-Dieksknöll hauptsächlich die Lage an einem wichtigen Kommunikationsknotenpunkt ausschlaggebend für die Wahl des Standorts war. Lokal betrachtet wurde Büdelsdorf an einer spornartigen Stelle errichtet, wo sich die Eider auf bis zu 25 m schluchtartig verengt.

Zwischen 3750 und 3650 v. Chr. wurden in Büdelsdorf erstmals drei Gräben, die aus unterschiedlichen Grabensegmenten bestehen, ausgehoben und wohl relativ schnell wieder verfüllt. Der Aushub wurde den drei Gräben als Wälle vorgelagert. Offensichtlich besteht bereits jetzt eine Palisade, die einen ca. 4 ha großen Platz ohne Hinweise auf Architektur oder Aktivitäten umschloss. Etwa 3490 bis 3380 v. Chr. wurden die Gräben ein zweites Mal ausgehoben und relativ schnell wieder verfüllt. Zwischen beiden Ereignissen liegen mehr als 100 Jahre, sodass offensichtlich eine Markierung, z. B. mit Pfosten, den

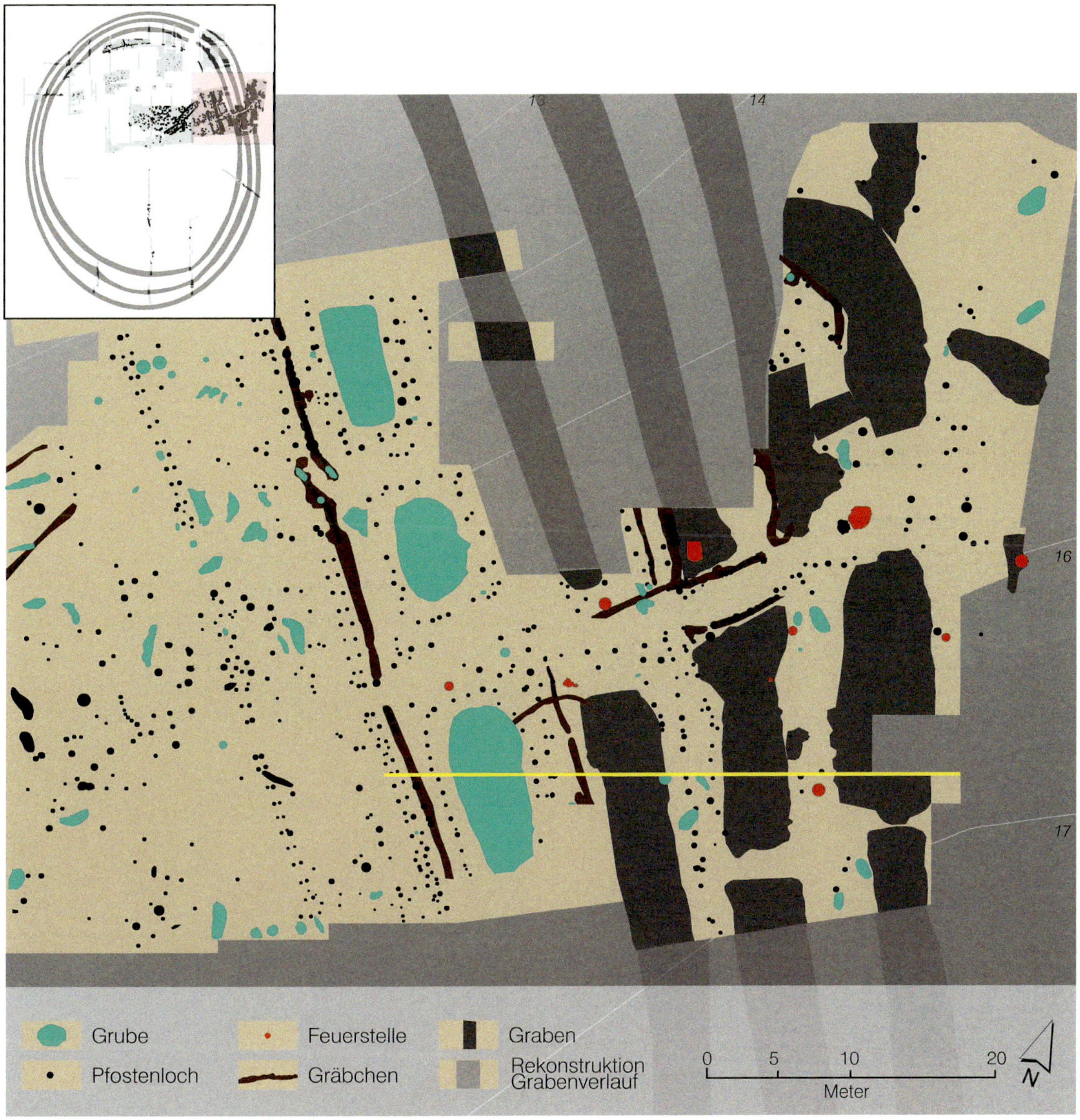

Büdelsdorf LA 1. Detailansicht des östlichen Eingangsbereichs.

Platz sicht- und wieder auffindbar gehalten hat. Eine Bebauung o. Ä. der Innenfläche erfolgte auch in der zweiten Aktivitätsphase nicht. Anders dann in den nächsten 100 Jahren: Zuerst setzte eine Verbuschung und Wiederbewaldung des Platzes ein, sodass erneut gerodet werden musste, bevor die Siedlung auf dem Innenplatz angelegt werden konnte.

Die Siedlung mit ca. 40 gleichzeitigen Häusern besteht etwa 100 Jahre, ohne dass sich eine Nutzung des Grabenwerks erkennen ließe. Um 3280 v. Chr. wurde sie schließlich erneut durch ein Grabenwerk abgelöst. Bis zu 2,5 m tiefe und 3 m breite Sohlgräben wurden ausgehoben, die nur teilweise dem ursprünglichen Grabenverlauf folgen. Im Rahmen ihrer Analyse der Fundverhältnisse von Büdelsdorf schreibt Franziska Hage 2016: »Statt des inneren Grabens wurden im Inneren durch Pfosten eingehegte Gruben angelegt. Diese Strukturen folgten dem Verlauf der Gräben, verliefen aber vermutlich nur halb um die Anlage. In diese großen Gruben gelangen später enorme Mengen Siedlungsmaterial. Da es keine Hinweise auf eine Zerstörung der Siedlung gibt, ist diese vermutlich aufgelassen worden … Eventuell wurde die Siedlung beräumt«.

Tatsächlich sind den umhegten inneren Gruben noch zwei solide Doppelpalisadenreihen vorgelagert worden, der äußeren nochmals eine Palisade mit Palisadengraben. Dabei ist anzunehmen, dass zugleich der oder die Eingangsbereich(e) ausgebaut worden sind. So lassen sich an den Grabenköpfen massive Flankenpalisaden feststellen. Prominent befindet sich mittig im Eingangsbereich ein starker Holzpfosten, vor dem an einer Feuerstelle wiederholt Getreide verbrannt wurde. Darüber hinaus waren dort Gefäße deponiert. Unabhängig von der soliden Konstruktion handelt es sich auch diesmal nur um eine für be-

Im Rahmen der frühen und neuen Grabungen in Büdelsdorf konnten in den Grabensegmenten zahlreiche Grabenwerksphasen dokumentiert werden. Das abgebildete Profil zeigt mit dunklen Schichten Hinterlassenschaften von »Feuer«, die bei rituellen Handlungen eine wichtige Rolle spielten.

grenzte Zeit angelegte Architektur, die spätestens zwischen 3120 und 3020 v. Chr. mit einer letzten Grabenaushebung abgeschlossen war. Danach lässt sich in Büdelsdorf keine intensive Nutzung mehr nachweisen.

Dies ist insbesondere im Vergleich zum ca. 35 km entfernten Grabenwerk von Albersdorf-Dieksknöll von Interesse, das die Besiedlungsregion südwestlich der Eiderbucht repräsentiert und wo sich die früh-jungneolithischen Grabhügel der Einzelgrabkultur konzentrieren. In den Jungmoränengebieten der nordwestlichen mittleren Eiderregion um Büdelsdorf hingegen lässt sich eine entsprechende Besiedlung nicht feststellen. Offensichtlich zeigt sich hier ein grundsätzlich unterschiedlicher Umgang mit den Transformationsprozessen am Ende der Trichterbecherkulturen: Im westlichen Altmoränengebiet wurden die rituellen Aktivitäten der vorangehenden Trichterbechernordgruppe lediglich »umgewidmet«, im östlichen Jungmoränengebiet etablierten sich nach einem Bruch mit den bisherigen Riten vollkommen neue Praktiken. Interessanterweise konnten aber bisher weder im Albersdorfer noch im Büdelsdorfer Raum intensive Nachnutzungen der megalithischen Monumente festgestellt werden: In Bredenhoop und am Brutkamp fehlen einzelgrabzeitliche Bestattungen vollständig, in Borgstedt gibt es nur eine im Rundhügel LA 28, nicht in den anderen Anlagen.

Die »monumentale« Phase des Grabenwerks Büdelsdorf geht einher mit einer Vielzahl ritueller und profaner Tätigkeiten, die im Bereich der Palisade, aber auch im Inneren erkennbar sind. Allerdings lässt sich aufgrund der sauren Böden und der nahezu fehlenden Knochenerhaltung wohl nur ein geringer Teil der Aktivitäten rekonstruieren, und man ist sicherlich auf Analogieschlüsse aus Gebieten mit besserer Knochenerhaltung angewiesen. Im Einzelnen ist Folgendes festzuhalten:

- In Zusammenhang mit den Erdbewegungen wurden Gefäße zerschlagen und in den eigentlichen Gräben niedergelegt. Dies geschah einerseits am Zerschlagungsort direkt, andererseits in einem komplexen Verfahren, wobei einzelne Gefäßteile zu anderen Bereichen des Grabenwerks transportiert wurden, z. B. von östlichen zu nördlichen Grabensegmenten und umgekehrt. Bei dieser rituellen Praxis, zu der sicherlich Trinken, Essen und Lebensmittelopferungen gehörten, dürften einerseits die am jeweiligen Grabensegment beteiligten eigenen Gruppen in ihrer Identität bestärkt, andererseits die Kontakte mit anderen lokalen Gruppen über die Verbindungen zu anderen Grabensegmenten gepflegt worden sein.
- Gruben und Scherbenpflaster wurden als rituelle Deponierungen angelegt. Im Gegensatz zur Einbindung der Opferungspraxis in die komplexe verbindende Grabenstruktur konnten hierbei individuelle religiöse Praktiken vorgenommen werden.

Palisadengräben und Pfostensetzungen des östlichen Eingangsbereichs von Büdelsdorf LA 1.

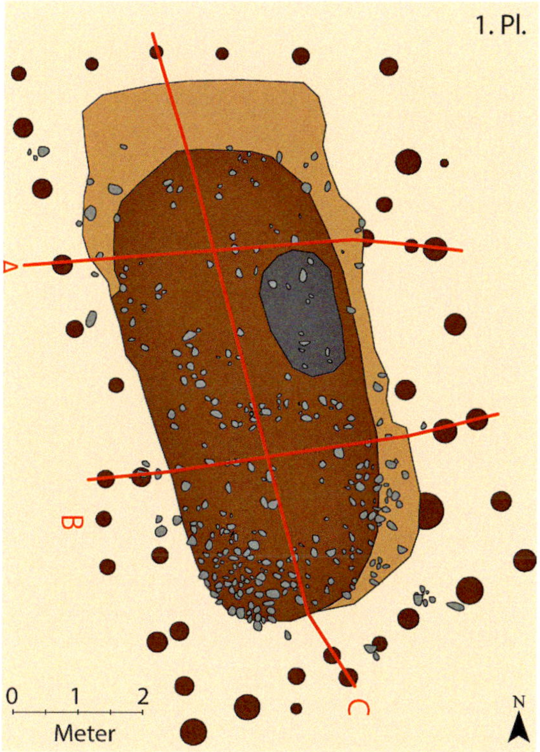

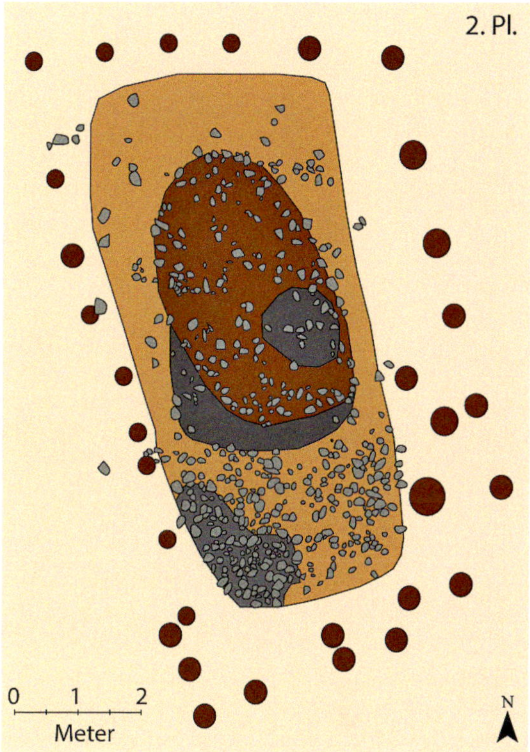

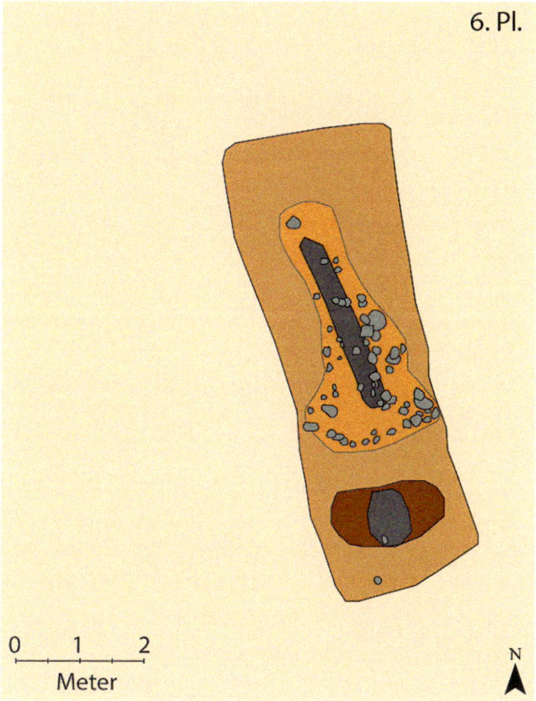

Durch Pfosten eingehegte Gruben hinter den Grabensystemen werden u. a. als Feuergruben für verschiedene Aktivitäten angesprochen, u. a. auch für das Brennen hochwertiger Keramik.

- Zu nicht-profanen Aktivitäten gehörten Feuerungsprozesse, die etwa zur Keramikherstellung nötig waren. An den durch Doppelpfostenreihen eingehegten, 4 m langen, 2,5 m breiten und 1,5 m tiefen langovalen Brandgruben, die direkt im Inneren an die Palisaden-, Graben- und Walleinfassungen anschließen, wurden äußerst hohe Brenntemperaturen erreicht, die zu einer Rotverziegelung sowohl des Bodens als auch des Lehms geführt haben. Aufgrund der Sekundär- und Fehlbrände ist davon auszugehen, dass an diesen Plätzen offensichtlich Keramik im offenen Brandverfahren hergestellt wurde. An länglichen, ebenfalls eingehegten oder durch Palisaden umstandenen Gruben im Norden der Anlage fand hingegen Flintproduktion statt. Auch Beile wurden hergestellt.
- Getreide spielte im rituellen Prozess eine wichtige Rolle, was an den Weizenverbrennungen am weithin sichtbaren Pfosten im Eingangsbereich zum Ausdruck kommt. Damit werden die Aktivitäten zugleich in den agrarischen Jahreszyklus eingebunden.

Alle archäologischen Befunde in Büdelsdorf belegen ein schnelles Ausheben der Gräben und eine ebenso schnelle Wiederverfüllung: Sedimentablagerungen, die auf ein längeres Offenstehen hindeuten würden, fehlen. In der Konsequenz lässt sich abschätzen, wie viele Personen mindestens am Bau des Grabenwerks beteiligt waren. Entsprechend der unterschiedlichen Ausmaße und Aktivitäten schwankt die Anzahl in Büdelsdorf pro Phase zwischen ca. 90 und 300 Menschen (Grabenwerk 1: 100; Grabenwerk 2: 300; Grabenwerk 3: 90). Unter Berücksichtigung der anzunehmenden Bevölkerungsdichte von etwa zwei Einwohnern pro Quadratkilometer ist ein Einzugsgebiet von rund 15 km nötig, um entsprechende Arbeitskräfte aus den jeweiligen Gemeinschaften »abzuzie-

Rekonstruktion einer Eingangssituation in Büdelsdorf um 3225 v. Chr. Botanische Analysen belegen das Verbrennen von Getreide in der Feuerstelle. Der hohe Pfosten sorgte für die Sichtbarkeit der Gesamtanlage.

hen«. Unabhängig davon wissen wir aus ethnografischen Beispielen, dass an entsprechenden Tätigkeiten ein Großteil der verfügbaren Clan- oder Siedlungsmitglieder beteiligt ist. Entsprechend etwa zu Neuguinea ist demnach davon auszugehen, dass am Bau- und Errichtungsfest sicherlich 1000 bis 3000 Personen beteiligt waren. Nimmt man zwei Tage für die eigentliche Errichtung einer Grabenwerksphase an, so wird deutlich, welch großer logistischer Aufwand damit verbunden war. Auch die Produktion »profaner Dinge« wie Nahrung, Werkzeuge o. Ä. im Rahmen der Tätigkeiten war daher unerlässlich.

Unabhängig von Dichte und Vielzahl der rituellen und profanen Vorgänge sind dennoch im Vergleich zu Siedlungen relativ wenige Funde überliefert. Weder die Deponierungen in den Gräbern noch die Objekte aus den Gruben entsprechen in der Menge dem, was üblicherweise in Siedlungen entdeckt wird. Dies trifft auf Albersdorf-Dieksknöll ebenso wie auf Büdelsdorf zu.

Interaktion und Öffnung

Die beiden vorgestellten Grabenwerke in Schleswig-Holstein gehören zu inzwischen 28 Grabenwerken, die primär der Trichterbechernordgruppe oder der -tiefstichkeramik zugeordnet werden. Sie zählen mit Walmsdorf und möglicherweise Liselund (Volling) in Nordwestjütland zu den frühesten Anlagen im nördlichen Bereich der Trichterbecherkultur und lagen offensichtlich früh an wichtigen Kommunikationswegen oder Knotenpunkten. Um ca. 3750 v. Chr. – also gleichzeitig mit den ersten nichtmegalithischen Langhügeln in Borgstedt, Albersdorf-Bredenhoop oder Nordwestjütland – fanden erstmals die rituellen Aushebungen gemeinsam durch einen Großteil der Bevölkerung statt. Das Ausmaß der Grabensegmente mit 12 bis 25 m Länge entspricht den Aushebungsgruben von nichtmegalithischen Langhügeln. Anders als bei den Langhügeln zeichnet sich jedoch eine größere Konzentration von Menschen ab, die zu den rituellen Praktiken zusammenkamen, was offensichtlich ein gesteigertes Bedürfnis nach gemeinsamer Interaktion zum Ausdruck bringt. Diese soziale Interaktion ist es schließlich, die zur raschen Verbreitung von Innovationen führt.

Unabhängig von der Vielzahl an Grabenwerken, die durchaus der Dichte im ehemals Michelsberger Raum entspricht, wurden im Trichterbechergebiet bisher erst vier vollständig publiziert. Niels Andersen hat bereits 1997 das Grabenwerk von Sarup in Südfünen monografisch vorgelegt. Interessanterweise entspricht die Anlage dem, was auch von vielen anderen Grabenwerken bekannt ist: ein komplexer, durch Gruben und Deponierungen, dazu Palisadenzüge gekennzeichneter Einhegungsbereich, in dem Gefäße, Flintgeräte u. Ä. rituell, teilweise auch unter Feuereinwirkung, niedergelegt wurden. Ähnlich wie in Büdelsdorf wurde das frühneolithische Grabenwerk Sarup I zeitweise durch eine große Siedlung abgelöst, die aber schließlich durch ein spättrichterbecherzeitliches Grabenwerk Sarup II ersetzt wurde. Der halbinselartig im Zentrum einer Niederung gelegene Platz durchlebte folglich einen ganz ähnlichen Prozess, wie wir ihn aus Büdelsdorf kennen: sakrales Grabenwerk –

Ausgrabungen 2013 im Wald bei Büdelsdorf. Nach geophysikalischen Prospektionen durch Ercan Erkul wurden gezielt Gräben- und Siedlungshinterlassenschaften nach modernster Methodik ausgegraben. Bodenkundliche Ansprachen durch Hans Rudolf Bork halfen bei späteren Interpretation.

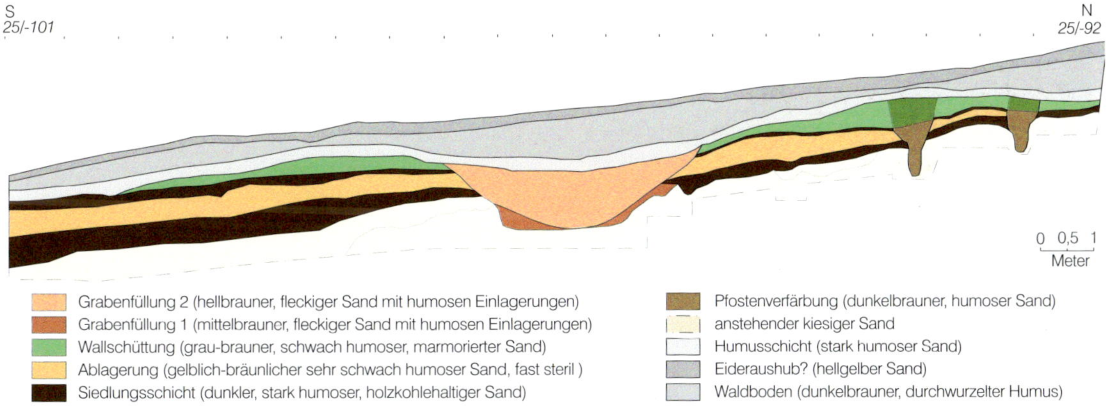

Im Rahmen der Ausgrabung 2013 konnte Franziska Hage dokumentieren, dass nach einer ersten Grabenwerksphase und einer Siedlung eine weitere Grabenswerksphase in Büdelsdorf existierte. Im Profil ist erkennbar, wie die Siedlungsschicht von neuen Gräben gestört wird.

profane Siedlung – sakrales Grabenwerk. Wie vielfältig dabei allerdings die Entwicklung sein kann, zeigen die Größenunterschiede: In Sarup verkleinert sich das Grabenwerk von 8 auf 3 ha, etwas Ähnliches lässt sich in Walmsdorf zwischen den beiden Grabenwerksphasen beobachten. In Walmsdorf fehlt die profane Siedlungsphase. Am Dieksknöll und in Büdelsdorf hingegen bleiben die Anlagen gleich groß.

Die Grabenwerke des Nordens übernehmen in diesem Kontext viele Elemente, die wir auch in anderen Regionen vorfinden und die für einen durchaus intensiven Transfer von Wissen, Gütern und rituellen Praktiken sprechen. Bezeichnend sind die Einbauten oder Blockaden der Eingänge, die es in unterschiedlichen Formen gibt. Bei diesen Durchlasskonstruktionen stehen Albersdorf-Dieksknöll und Walmstorf in einer Tradition mit z. B. Heilbronn-Klingenberg, Ranstadt-Dauernheim, Kassel-Calden oder aber auch solchen aus dem Pariser Becken oder der übrigen Mittelgebirgszone. Erkennbar wird hier wieder eine Süd-Nord-Kommunikationsroute, auf die schon mehrfach hingewiesen wurde. Trotzdem ist ebenfalls deutlich, dass in den einzelnen Regionen verschiedene Wege zur Nutzung der Grabenwerke gegangen wurden. Unabhängig davon bilden Grabenwerke einen überregionalen Katalysator für den Austausch von Ideen, Waren, Tieren und Menschen – Einheimischen und Fremden.

Flint – Kupfer – Bernstein

Rohstoffe, Werkzeuge und Güter einer reichen Gesellschaft

Der extreme Reichtum der nordmitteleuropäischen und südskandinavischen Trichterbechergesellschaften, ihre hohe Produktivität und die Tatsache, genug Energie zum Errichten der monumentalen Grab- und Grabenanlagen »frei verfügbar« zu haben, geht sicher auf eine Ressource zurück: Flint. An den Steilküsten der Nord- und Ostsee sowie in den Endmoränen war er in unglaublicher Menge und Qualität vorhanden. Flint spielte damals eine ähnliche Rolle, wie noch vor Kurzem Stahl in unserer industrialisierten Welt: ein Rohstoff, der fast unbegrenzt in zahlreichen Trichterbecherregionen zur Verfügung stand, der an benachbarte Gruppen getauscht werden konnte. Insofern haben wir es zumindest in einigen Trichterbechergesellschaften mit einem Reichtum zu tun, wie er in vielen mitteleuropäischen Regionen zu dieser Zeit nicht existierte. Ausdruck dafür sind die mächtigen Monumente.

Profaner Silex?

Flint kennen wir aus dem nordischen Raum in unterschiedlichen Arten und Qualitäten: baltische, danian- und senonische Flintvarietäten, dazu Spezialvorkommen u. a. auf Rügen, in Pommern oder auch auf Helgoland. An den Küsten und Kliffen der Ost- und Nordsee war Flint oft oberflächlich zugänglich und wurde »frisch« ausgebeutet. Räumliche Konzentrationen von Beilvorarbeiten und -planken an den Steilküsten von Ostholstein und Fehmarn, an der Ostseeküste sowie an den Geesträndern der Nordseeküste im Westen belegen die Kerngebiete der Flintproduktion. Gleichzeitig gelangten Halbfertigprodukte von diesen Gebieten aus in Regionen ohne nutzbare Silexvorkommen. So wurden z. B. in Hemmingstedt an der ehemaligen Nordseeküste am Rande einer Trichterbechersiedlung Flintknollen geborgen und verarbeitet. Die Produktionsabfälle einzelner Tagewerke liegen als kleinere Silexabfallhaufen vor. Ein Zusammenfügen der Abfälle ergab den Negativhohlraum eines dicknackigen Beils. Entsprechend lässt sich nachvollziehen, wie viel Silex benötigt wurde, um ein solches Beil herzustellen.

Die Verbreitung von Flintdeponierungen und Halbfertigprodukten, den so genannten Planken, zwischen Nord- und Ostseeküste verdeutlicht, wie der Silex von den küstennahen Produktionsstätten ins Inland ausgetauscht wurde und zu den einzelnen Siedlungen und Dörfern gelangte. Dabei lässt sich zwischen den eigentlichen Abbauplätzen, den Flinthalb- und Fertigprodukte herstellenden Stätten sowie »Flint«

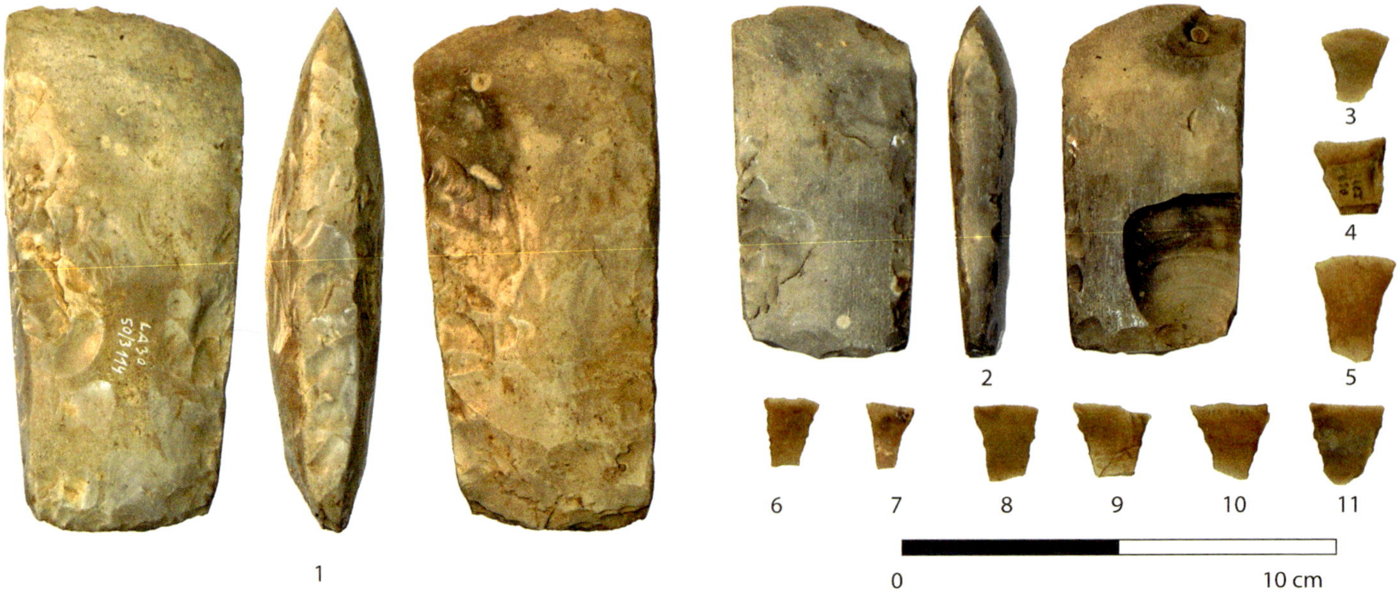

Beile (1–2) und Querschneider (3–11) aus Flint. Der Reichtum an Flintrohmaterial führte zu den hohen Kapazitäten, die im Norden den Bau von Megalithgräbern erst ermöglichten.

Der rote Helgoländer Flint war im Neolithikum nicht nur an der Nordseeküste begehrt. Zusammen mit Helgoländer Plattensilex wurde er mit einfacher Hochseeschifffahrt ab 3600 v. Chr. ans Festland verbracht.

Fast alle Beile werden aus Silexvarietäten hergestellt. Auch der Helgoländer Flint dient im Früh- und Mittelneolithikum der Produktion profaner, nicht besonderer Güter.

Die Fundplätze von Helgoländer Flint markieren das ehemalige Tauschnetz, das ab 3600 v. Chr. erstmals im Zuge der einfachen Hochseeschifffahrt entstand.

verbrauchenden Orten unterscheiden. Beim erwähnten Hemmingstedt handelt es sich um einen Abbau- und Produktionsplatz, der zudem in den weiteren Austausch von Silexplanken und Vorarbeiten eingebunden war. Die Siedlung Oldenburg-Dannau war dank der Ausbeutung der lokalen Silexvorkommen eine autonome Produktions- und Konsumtionsstelle. Im Landesinneren, weiter entfernt von den Rohstoffvorkommen, handelt es sich primär um »Flint verbrauchende Siedlungen«, z. B. Rastorf LA 6. Hier dominieren im Fundensemble Nachschärfungsabschläge.

Einige Grabenwerke mit sowohl produzierender als auch verteilender Funktion spielten innerhalb dieses Netzwerks eine besondere Rolle, wie die rekonstruierbaren Routen des Silexaustauschs verdeutlichen: An der West-Ost-Austauschroute entlang der Eider zwischen Nord- und Ostsee lag das Grabenwerk Büdelsdorf, unter dessen Silexartefakten ein extrem »weißer Flint« identifiziert wurde, der im Gegensatz zum ebenfalls genutzten Senonien-Flint aufgrund seiner Materialeigenschaften besser zur Beilproduktion geeignet war. Solche weißen Flintbeile, die auch auf anderen Fundplätzen der südlichen Kimbrischen Halbinsel vorkommen, wurden in Büdelsdorf aus angelieferten quaderförmigen Halbfertigprodukten hergestellt. Sie sind geschliffen, während dunklere Flintbeile von schlechterer Qualität kaum oder gar nicht geschliffen wurden. Da auf den übrigen Fundplätzen nur Beile als Fertigprodukte vorliegen, ist von einem »Verteilerzentrum« auszugehen.

Während wir solche Verteilungsmuster in vielen Regionen beobachten können – insbesondere auch die Verbreitung etwa des Rügener Flints von Produktionsplätzen mit Fertig- und Halbfertigprodukten auf Rügen in südlichere Areale –, gibt es auch Gebiete, wo die Flintknollen nicht nur direkt oberflächlich abgebaut wurden, sondern wo regelrechte Bergwerke für den Flinttagebau entstanden. Hier sind die Flintminen von Bjerre und Hov am Limfjord zu nennen, wo 10 m tiefe Schächte bis auf die flintführenden Gänge getrieben und diese dann horizontal abgebaut wurden: Der Limfjord, genauso wie das südöstliche Seeland und Rügen, wurden zu Abbaustätten, die jahrhundertelang die Produktion und den Export qualitativ hochwertiger Flintprodukte dominierten.

Bestimmte Varietäten des »Stahls der Steinzeit« waren farblich auffällig und deshalb auch besonders beliebt oder herausragend. Neben dem bereits erwähnten »weißen Flint« gab es den rötlichen Helgoländer Flint, der archäologisch einfach zu identifizieren und seine Verbreitung daher bekannt ist. Offensichtlich wurde Helgoland ab spätestens 3600 v. Chr. mit Methoden der Hochseeschifffahrt angesteuert, um von hier möglicherweise neben Plattensilex und Vogeleiern (?) eben auch den roten Helgoländer Flint mit aufs Festland zu bringen.

Gerade das Helgoländer Beispiel zeigt, dass neben küstenorientierter Seefahrt mindestens ab ca. 3600 v. Chr. eine eingeschränkte Hochseeschifffahrt auch ohne Sichtkontakt zum Ziel möglich war. Hochseetüchtige Boote waren offensichtlich vorhanden, die an der Nord- (Helgoland) und Ostseeküste (Gotland) eingesetzt wurden. Leider fehlen bisher Bootsfunde. Büdelsdorf verdeutlicht darüber hinaus, dass der binnenländische Austausch über wichtige Verkehrsrouten organisiert war: Die Siedlung, wo die weißen Flintbeile produziert und getauscht wurden, liegt an

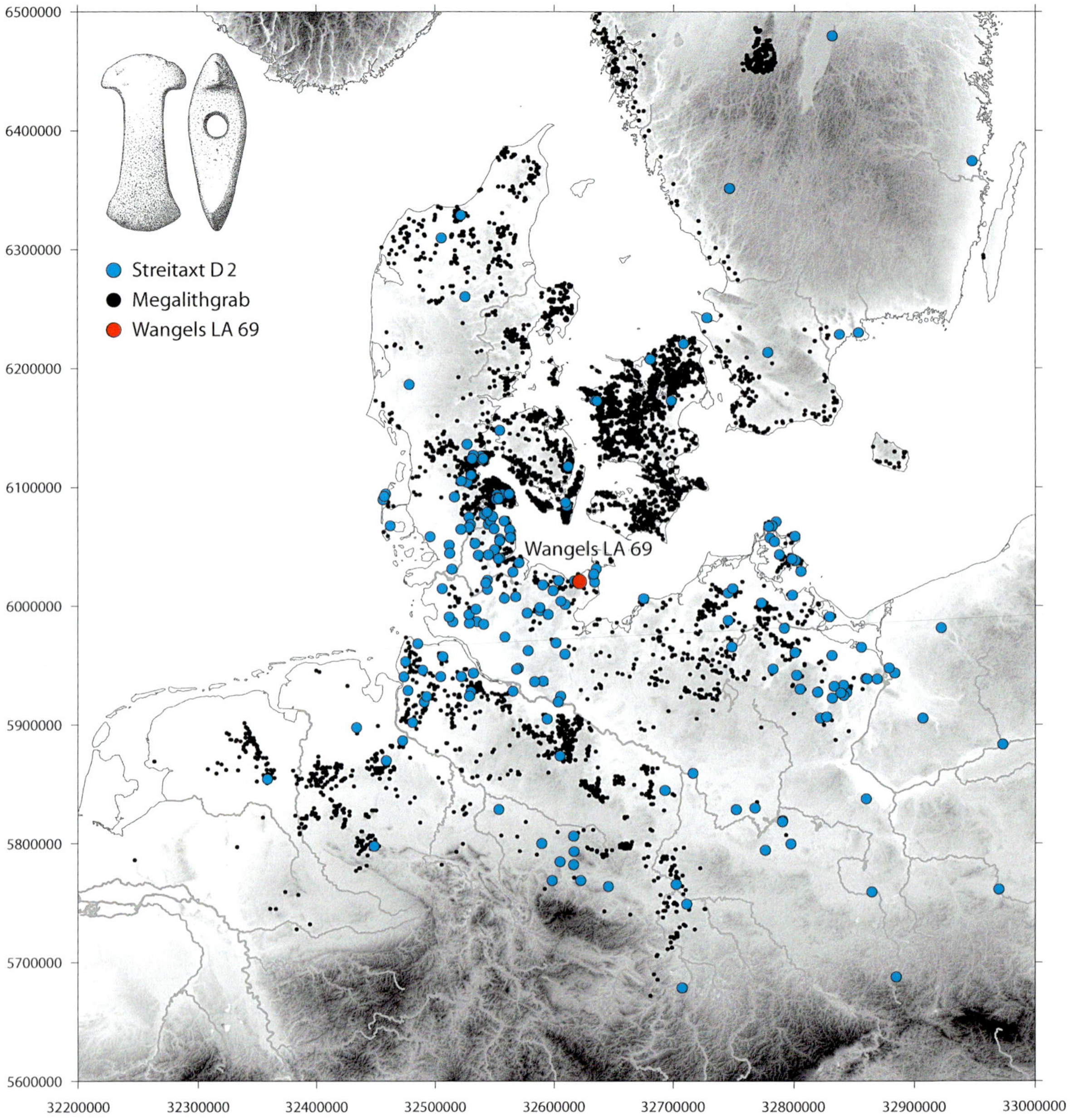

Die Verbreitung von Doppeläxten vom Typ Zapotocky D2 belegt um 3200 v. Chr. die weitreichenden Beziehungen innerhalb der nordmitteleuropäischen Trichterbechergemeinschaften.

einer der wichtigsten Nord-Südverbindungen (Ochsenweg) und der schmalsten Landquerung zwischen Nord- und Ostsee südlich des Limfjords. Der Einsatz von Einbäumen und ab 3500 v. Chr. auch von Rad und Wagen kommt hier sicherlich zum Tragen.

Beile und Äxte – Alltag und Ritus

Neben Flintgeräten zur Zubereitung von Nahrung, zur Bearbeitung von Fellen und anderen Rohstoffen oder für die Jagd (Bohrer, Stichel, Kratzer, Schaber, Messer, Pfeilspitzen) gehören unterschiedlichste Beilformen zu den erfolgreichen Werkzeugen der Trichterbecherzeit. Die ältesten Typen ab ca. 4100 v. Chr. sind spitznackige Beile, die mit Walzen- und Rechteckquerschnitt eine technologisch sinnvolle Entwicklung hin zu stabiler schäftbaren Beilen durchlaufen und nach wenigen Generationen zum dünnnackigen Beil mit verbesserter Handhabung überleiten. Innerhalb von mehreren Jahrhunderten entstehen längere Beile, sodass um 3100 v. Chr. mit dem Blandjeberg-Beil ein Zwischenstadium zwischen dünn- und dicknackigen Beilen erreicht wird. Die Entwicklung der dicknackigen Beile der späteren Trichterbecher- und nachfolgenden Einzelgrabgesellschaften setzt ein. Dicknackige Beile eignen sich besser zum Baumfällen.

Betrachten wir die spitznackigen Beile – die ältesten der Trichterbecherkultur – so kommt dieser Typ im südwestlichen Mittel- und in Westeuropa bereits wesentlich früher vor. Spätestens ab 5200 v. Chr.

haben in Westeuropa die spitznackigen Beile eine eigenständige »Technikgeschichte« hinter sich, einerseits als Arbeitsgerät mit Gebrauchsspuren, andererseits aber auch als nie benutztes Objekt in vollendeter Ausführung für rituelle oder prestigeträchtige Zwecke. Daran zeigt sich, dass Beile aus bestimmten Rohstoffen eine besondere Bedeutung erlangen konnten und deshalb in der Zirkulation »gehalten« wurden, z. B. Jadeitbeile, die vereinzelt auch den norddeutsch-südskandinavischen Raum erreichten. In diesem Fall werden Austauschprozesse erkennbar, die nichts mit der rein ökonomischen Verteilung von Gütern oder Halbfertigprodukten zu tun haben, sondern eine »rituelle Ökonomie« andeuten, in der die Pflege von Wechselbezügen eine ähnlich große Rolle spielt wie die Aspekte des täglichen Lebens.

Bei den nicht durchlochten Beilen handelt es sich primär um Arbeitswerkzeuge, die allerdings auch in Zusammenhang mit Ritus oder Status benutzt werden konnten; so dienten Hammeräxte wohl hauptsächlich zum gegenseitigen Tausch und symbolisierten Macht und Einfluss. Grundsätzlich ist bereits ab ca. 4600 v. Chr. eine überregionale Verbreitung der Felsgesteinäxte in Mitteleuropa anzunehmen. Im Laufe der Zeit lassen sich dann wichtige regionale Schwerpunkte herausarbeiten. Die Funde entsprechender spezifischer Axttypen deuten regionale Kontakte zur gegenseitigen Beziehungspflege an: Die so genannte Amazonenaxt weist mehrere Verbreitungsschwerpunkte im südwestlichen Ostseeraum um 3200 v. Chr. auf, und Nackenkammäxte stellen offensichtlich im Zusammenhang mit Kugelamphoren um ca. 3000 v. Chr. einen Bezug zwischen mitteldeutschem und südwestlichem Ostseeraum her.

Grundsätzlich lassen sich lokale und regionale Netzwerke zum Gütertausch identifizieren, die eine notwendige Versorgung der jeweiligen Gruppen mit Rohstoffen oder Halbfertigprodukten für die zur Herstellung notwendigen Arbeitsgeräte nahelegen. Darüber hinaus wird deutlich, dass mehr und mehr auch Objekte getauscht wurden, die nichtutilitären Zwecken dienten und die mit Werten besetzt waren, um als Gaben und Gegengaben die Beziehungen zwischen Individuen oder Gemeinschaften zu pflegen.

Bernsteinobjekte, darunter zumeist zylindrische Perlen oder solche in Form von Doppelaxtanhängern, gehören auch zum »Exportschlager« der nordischen Trichterbechergemeinschaften.

Ältestes Gold in Mitteleuropa und Südskandinavien

In drei unterschiedlichen Gräbern der mittleren Trichterbecherkultur sind Armringe aus Gold enthalten, die alle zwischen 3600 und 3300 v. Chr. datieren.

In Himmelpforten-Löhe (Lkr. Stade) handelt es sich um einen aus wahrscheinlich gehämmertem und nicht gegossenem Golddraht gefertigten, regelmäßig ovalen Armreif, dessen Enden durch Stauchung leicht scheibenförmig verdickt sind (Dm 8,2 cm × 6,3 cm; 29,5 g). Der Fund stammt aus einem 4,5 m × 3,5 m großen Flachgrab mit Steinpackung, das ebenfalls u. a. ein dünnnackiges Flintrechteckbeil enthielt. Bei Schwesing LA 6, Grabanlage 6 (Lkr. Nordfriesland) wurde bei der Untersuchung eines Megalithgrabs unter dem zerstörten Kammerboden eines Langbetts eine Grube entdeckt mit einem Trichterbecher, einer kleinen weitmundigen Schale und eben dem massiven Goldarmreif mit annähernd quadratisch abschließenden offenen Enden (Dm. 8,5 cm × 6,5 cm; ca. 43 g). Offensichtlich handelt es sich um ein nichtmegalithisches Steinrahmengrab. Aus Eyendorf (Lkr. Harburg) kennen wir den 1853 gefundenen Armring mit sich leicht verjüngenden Enden, die durch Aufstauchungen verdickt wirken (Dm. 6,4 cm; 114,6 g). Der ursprünglich für bronzezeitlich gehaltene Armring stammt aus einem 11,7 m langen und 4,3 bis 5,8 cm breiten Megalithgrab.

Bei den drei Objekten handelt es sich um die ältesten Goldfunde des nördlichen Mittel- und Nordeuropas. Im südöstlichen Mitteleuropa fassen wir mit anthropomorphen Ringanhängern und Scheiben bzw. Buckelscheiben vom Typ Stollhof-Csáford die ältesten Goldobjekte etwa 4200 bis 3900 v. Chr. Solche Scheiben in Gold gibt es z. B. am Ostrand der Alpen (Stollhof, Csáford) und Imitate aus Kupfer etwa in Hornstaad am Bodensee und in Brzesc Kujawski (Polen).

Der goldene Armring aus Schwesing in Nordfriesland stammt aus einem Flachgrab und ist der mittleren Trichterbechergesellschaft zuzuordnen (3600–3300 v. Chr.).

Der Depotfund von Neuenkirchen in Vorpommern birgt die ältesten Kupferobjekte Norddeutschlands. Henry Skorna konnte nachweisen, dass der Dolch aus der Zeit um 4300 v. Chr. stammt, allerdings erst um 3500 v. Chr. zusammen mit den übrigen Gegenständen deponiert wurde.

Kupfer und Bernstein

In diesen Kontext fallen sicher auch die ersten Kupferimporte aus dem südöstlichen Raum, die hauptsächlich zwischen 3600 und 3300 v. Chr. fassbar werden: Kupferflachbeile, umgearbeiteter Schmuck und Dolche. Gegengaben bildeten gewiss in allen Fällen u. a. Bernsteinartefakte, die als Schmuckstücke im gesamten Trichterbechergebiet eine extrem wichtige Rolle gespielt haben und in Siedlungen, Grabenwerken und Gräbern vorhanden sind. Es gab z. B. röhren-, spulen- oder doppelaxtförmige sowie prismatische Perlenanhänger, die vereinzelt auch in Süddeutschland wie in Bad Buchau entdeckt wurden. Wenngleich die europaweite Verbreitung von nordischem Bernstein erst im 3. Jt. v. Chr. einsetzte, war er dennoch ein extrem wichtiges und alltägliches Rohmaterial für die Trichterbechergesellschaften.

Siedlungen, Gräber und Horte

Bezeichnenderweise ist der Import von Objekten insbesondere im 41. Jh. v. Chr. und vom 36. bis 34. Jh. v. Chr. nachweisbar. Dies sind Zeiträume, in denen zu Beginn der neolithischen Entwicklung möglicherweise aufgrund der erwähnten »schlechten Jahre« eine Öffnung der Netzwerke nötig war. Dagegen steht die zweite größere Phase der »Fernkontakte« sicherlich in Bezug zu neuen Deponierungsvorgängen.

Die »Deponierung« von Objekten, von Beilen, Hammeräxten, Kupferobjekten und Bernsteinperlen, ist ein Vorgang, den wir hauptsächlich etwa 3600 bis 3200 v. Chr. beobachten, also in der Zeit, als die meisten Megalithgräber errichtet wurden. Offensichtlich sind Grabanlagen und Deponierungen miteinander verwoben, sie bilden einen Bedeutungsinhalt der Landschaft ab, den es noch zu enträtseln gilt. Diesen Aspekt müssen wir im Zusammenhang mit den sozialen und rituellen Fragen weiter diskutieren.

Ausblick
Warum wurden Megalithgräber errichtet?

Betrachten wir zusammenfassend die verschiedenen Aspekte der trichterbecherzeitlichen Entwicklung, so lassen sich nicht nur die Fragen beantworten, wann und wie frühe Monumente im Norden errichtet wurden, sondern auch, warum.

Zum Wann und Wie: Wir haben gesehen, wie mesolithische Wildbeutergruppen in Norddeutschland und Südskandinavien etwa im 41. Jh. v. Chr. beginnen, Neuerungen wie Haustiere und Getreide in ihre Lebenswelt zu integrieren. Dies geschieht zu einem Zeitpunkt, als durch temporäre Klimaveränderungen verursachte »schlechte Jahre« mit langen, kalten und feuchten Sommern die eingespielte jahreszeitliche Nutzung verschiedener Nahrungsressourcen über mehrere Jahrzehnte »stören«. An diese neuen Bedingungen versuchen sich die Gemeinschaften über eine Öffnung der Kontakte in alle Himmelsrichtungen anzupassen. Auch wenn die ökonomischen Veränderungen zunächst kaum spürbar sind, wandelt sich doch das alltägliche Leben: Das Kochen am Herd in neuen Rechteckhäusern und solchen mit apsidenartigen Stirnseiten wird zur Normalität, das Buffet, die Koch- und Vorratsgefäße ändern sich bzw. werden neu kreiert, für Rodungen und Stockwirtschaft werden neue Beilformen benutzt. Die Lebensweise ändert sich, und lange gepflegte Gewohnheiten verschwinden. Während bis etwa zur Jahrtausendwende vor allem küsten- oder küstennahe Plätze zum Lagern und Wohnen aufgesucht wurden, ermöglichen die kleinen, im Brandfeldbau bewirtschafteten Felder und die Futterwirtschaft in den Wäldern für Hausrind und -schwein jetzt verstärkt auch Siedlungen im Inland. Ausdruck der neuen Lebensweise ist zugleich der veränderte Umgang mit dem Tod. Ab 3800 v. Chr. entwickeln sich nicht nur erneut verstärkt Flachgrubengräber in oder vor den Einzelhöfen, sondern erstmals auch nichtmegalithische Langhügel mit Begräbnisplätzen: Sichtbare Monumente sind Zeichen für die Inbesitznahme des Landes oder auch der Welt allgemein. Die Verbindung zwischen Leben und Tod, zwischen Familien und Ahnen, wird wichtiger. Neue Identitäten entstehen, ortsgebunden. Die Gemeinschaften sind zu dieser Zeit nach wie vor klein. In den Einzelhöfen leben etwa fünf bis zehn Menschen an einem Ort, doch die Bevölkerung beginnt zu wachsen. Die Nutzung letzter Muschelhaufen, manchmal auch für Begräbnisse, endet ebenfalls um ca. 3800 v. Chr. – ein Zeichen nicht nur für die Veränderungen im Landesinneren, sondern auch an der Küste.

Die Menschen sind jetzt verstärkt eingebunden in großräumige »Netzwerke«. Kontakte zu Nachbarn sind nötig für Heiraten und auch, um sich durch Gaben und Austausch in der neuen Lebenswelt gegenseitig rückzuversichern. Ein Stadium des Experimentierens ist festzustellen, in Hinblick auf Getreidearten, das Einzüchten von Wildtieren in die Haustierrassen, das Fällen von Bäumen oder die Verbesserung von Zimmermannstechniken. In dieser Zeit des Wandels setzt sich ab 3650 v. Chr. ein ganzes Paket an Neuerungen Schritt für Schritt durch: Die Einführung des Hakenpflugs, das Aufkommen von Rad und Wagen, die Anfänge von Kupfermetallurgie und einfacher Hochseeschifffahrt bedingen einen »point of no return«. Resultat ist erstmals eine durchstrukturierte Kulturlandschaft in weiten Gebieten Norddeutschlands und Südskandinaviens: Größere Felder, größere Siedlungen, Offenland, zurückgedrängte Wälder prägen ganze Areale. Bestimmte Produkte werden jetzt fast zu »Massenprodukten«: seien es die standardisierten Beile oder die normierten Schmuckperlen aus Bernstein.

Doch täuschen wir uns nicht: Unabhängig von diesen einschneidenden Veränderungen ist die Welt nach wie vor ein Mosaik unterschiedlicher Lebensweisen. Jede Trichterbechergemeinschaft ist stark an ihre jeweilige Umwelt angepasst. Genauso wie sich bestimmte Dörfer auch im Industriezeitalter nach wie vor rein aquatisch ernährten und andere rein agrarisch oder städtisch orientiert waren, erkennen wir eine hohe Varianz in der Ernährungswirtschaft: von agrarisch durchstrukturierten Gebieten wie Ostholstein und Westmecklenburg mit relativ guten Böden und niedrigen Niederschlägen bis zu primär aquatisch ausgerichteten Gemeinschaften am Schweriner See oder auf Rügen.

Trotz dieser verschiedenen ökonomischen Grundmuster, die sich z. B. auch zwischen dem agrarisch orientierten Falbygden und dem aquatisch ausgerichteten Öland beobachten lassen, entwickelt sich eine einheitliche Weltanschauung, ein relativ einheitlicher Ritus: Nicht nur Werkzeuge, Konsumtionsmittel und Wohnstrukturen sind recht ähnlich, sondern

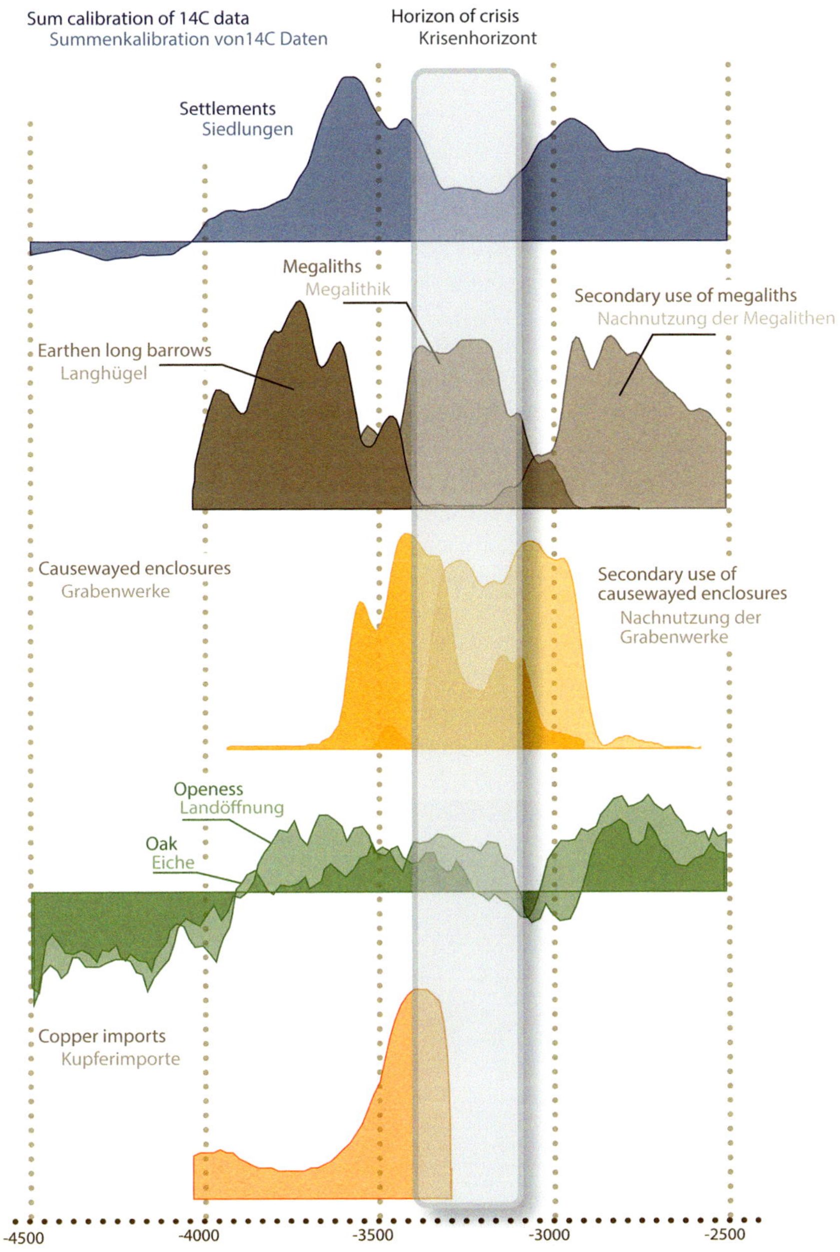

Über Summenkalibrationen von ^{14}C-Daten lassen sich Aktivitäten und Umweltentwicklungen gemeinsam darstellen. Insbesondere ab 3500 v. Chr. sind die norddeutschen Trichterbechergesellschaften auf der Suche nach neuen Identitäten, nachdem ein erheblicher technologischer Wandel das gesamte Kommunikationswesen, die Landwirtschaft und die architektonischen Fähigkeiten verändert hatte.

insbesondere auch Dekorationsmuster der hoch verzierten Keramik, Schmuck und die Art zu bestatten. Das Bedürfnis, sich in dieser vielfältigen Welt zu orientieren, führt zur Versinnbildlichung von Stabilität, von Gleichheit, von ähnlichen Bezügen: Megalithgräber werden fast überall zu Plätzen für die Ewigkeit, an denen sich die Gemeinschaften orientieren. Das Aufkommen von Megalithgräbern, von oberirdischen Monumenten, können wir also folglich verbinden mit der neuen Konstitution der Welt, in der Sicherheit nötig ist: Sicherheit in den Übergangsriten zum Tod, ausgedrückt an stabilen und sichtbaren Plätzen. Aus den Veränderungen und dem Neuangebot an Technologien erwächst mosaikartig eine Vielfalt an Antworten, die die Menschen finden. Warum Monumente? Weil gerade in diesen Zeiten die Rückversicherung des Lebens über stabile Aspekte in einer sich verändernden Welt gebraucht wird.

Die Welt ist komplex und hat komplexe Regeln. Zahlreiche Wirtschaftsweisen existieren, verschiedene Haus- und Hüttenformen, unterschiedliche Bestattungsarten. Die Strategien des Wachstums führen zur Institutionalisierung von Treffpunkten, zu Plätzen des Informationsaustauschs – zu den Grabenwerken. Hier findet man sich zusammen zur Verarbeitung bestimmter Halbfertigprodukte, die z. B. als Silexbeile weiter verteilt werden. Hier trifft man sich, um Neuerungen anzunehmen oder abzulehnen wie die Einführung eines bisher unbekannten Hartweizens. Wege durchziehen das Land, und es ist nur ein kleiner Schritt vom Weiler zum gemeinsamen Leben in Dörfern mit kommunalen Aufgaben. In dieser Zeit um 3350 v. Chr. lösen die Ganggräber langsam die Dolmen ab, die Vergrößerung der Grabkammer entspricht den größeren Dorfgemeinschaften. Zur Außendarstellung investiert man in aufwendige Gefäße mit komplexen Dekorationen, nicht in Waffen. Die Identität bildet sich innerhalb der Gruppen – die Kollektivität des Bestattungsrituals bringt dies zum Ausdruck. Auch wenn sich die Bevölkerung inzwischen in Dörfern mit bis zu 500 Einwohnern konzentriert und in manchen Regionen statistisch bis zu 7,5 Einwohner pro Quadratkilometer leben, gibt es keine Anzeichen für »Stammeskriege« oder gewalttätige Auseinandersetzungen größeren Ausmaßes. Während im südlichen Mitteleuropa die Sterbekurven einen ersten Gipfel in der Altersgruppe junger Männer aufweisen, fehlt dieser bei den Bestattungen der Trichterbechernordgruppe: keine tribalen Kriege – weniger junge Tote. Auch die Anzahl von Trepanationen, sehr oft als medizinischer Eingriff nach unnatürlichen Kopfverletzungen bewertet, ist während der Trichterbecherzeit viel niedriger als im nachfolgenden Jungneolithikum. Trotzdem nimmt ab ca. 3200 v. Chr. der Anteil waffenfähiger Artefakte (z. B. von Pfeilspitzen und Beilen) in rituellen Zusammenhängen gegenüber anderen Objekten zu: ein Zeichen dafür, dass sicherlich auch die Konflikte innerhalb der Gesellschaft größer werden. Dies ist die Zeit, als der Bau von Megalithgräbern eingestellt wird – und damit auch das Zeichen kollektiver Identität zunehmend ersetzt wird durch individuelle Bestattungen, später dann mit Waffen: Der Übergang von den Trichterbecher- zu den Einzelgrabgesellschaften wird eingeleitet. In vielen Gebieten endet jetzt auch die jahrhundertelange Nutzung der Grabenwerke. Eine neue, andere Zeit beginnt.

Soziale Unterschiede können wir in der Trichterbecherwelt nicht feststellen. Zwar gibt es größere und kleinere Häuser, größere und kleinere Megalithgräber, besser und schlechter ausgestattete Einzelgräber, Menschen mit unterschiedlicher Ernährung. Doch fehlen zumindest in der älteren und mittleren Trichterbecherphase institutionalisierte Unterschiede zwischen vererbbaren »Häuptlingen« und der übrigen Bevölkerung. Einzelhöfe und Dörfer halten sich die Waage, obwohl zwischen reicheren und ärmeren Familien und innerhalb der Familien hierarchische Verhältnisse im täglichen Leben bestehen. Erst mit der aufkommenden »Kriegerideologie« und offensichtlichen Tendenzen einer innergesellschaftlichen Separation bestimmter Gruppen – nach der Megalithzeit – entstehen soziale Unterschiede.

Strukturell entspricht diese Interpretation vielem, was wir aus noch rezenten Gesellschaften mit Megalithanlagen kennen. Auf der indonesischen Insel Sumba vergegenwärtigen die Großsteingräber im Westen zwar Größen- und Dekorationsunterschiede durch die Wahl der Steine, doch belegen Interviews, dass es keine institutionalisierten sozialen Unterschiede innerhalb oder zwischen den Dörfern gibt. Auch im Nagaland im ostindisch-westburmesischen Hochland lassen sich erhebliche Unterschiede in Hinblick auf Größe und Menge von Menhiren auf den Megalithfeldern feststellen. Doch auch hier sind es Errichtungsfeste, bei denen die »Steinspender« ihren angehäuften Reichtum verteilen und dadurch Ansehen erlangen. In beiden Gesellschaften ist es nicht Zweck, Reichtum individuell zu erlangen, sondern Reichtum zu verteilen und dadurch Ansehen zu gewinnen.

Zu den bedeutenden Ergebnissen der Untersuchungen des Schwerpunktprogramms 1400 im Nagaland zählt die Dokumentation des Verhältnisses der Dorfbewohner zu den Steinblöcken: Die Megalithen selbst sind Personen, sind aktiv, zu ihnen muss bei der Rohmaterialauswahl über Träume eine Beziehung hergestellt werden. Sie können sich beim Transport aktiv verweigern, sie haben Kraft und übertragen diese auf die Gemeinschaft. Jede Votivgabe ist sanktioniert, jede von den Steinreihen hat eine explizite Bedeutung. Auch die Rolle der Lebenden bei der Rohstoffgewinnung, beim Transport, beim Errichten der Anlagen ist von Tabus und Verpflichtungen geprägt. Entscheidend ist nicht, wie viele Personen für die Aktivitäten nötig sind, sondern wie viele Unbe-

Eine ethnoarchäologische Expedition des Schwerpunktprogramms führte 2015 auf die indonesische Insel Sumba, wo noch heute Megalithgräber errichtet werden. Die Welt der Lebenden und der Toten ist in den Dörfern eng miteinander verwoben.

Eine weitere ethnoarchäologische Expedition 2016 erreichte im indisch-burmesischen Grenzgebiet das Land der Naga. Bei den topografischen Aufnahmen der Megalithen halfen in zahlreichen Orten einheimische Animisten.

teiligte im gesamten zeremoniellen Ablauf der Megalithbauten verköstigt werden können: Dies steigert das Ansehen in den modernen, aber sicher auch den neolithischen Prestige-Gesellschaften. Insofern repräsentieren die Großsteingräber des Nordens eine Zeit, in der nicht nur Gabe und Gegengabe, sondern auch Spiritualität als Mittel zur Strukturierung des Alltags eingesetzt wurde.

Literatur

N. H. Andersen, The Sarup Enclosures. The Funnel Beaker Culture of the Sarup site including two causewayed camps compared to the contemporary settlement in the area and other European enclosures. Sarup I. Jutland Archaeological Society Publications 33 (Aarhus 1997).

N. H. Andersen, Die Region um Sarup im Südwesten der Insel Fünen (Dänemark) im 3. Jahrtausend v. Chr. In: W. Dörfler/J. Müller (Hrsg.), Umwelt – Wirtschaft – Siedlungen im dritten vorchristlichen Jahrtausend Mitteleuropas und Südskandinaviens. Offa-Beihefte 84 (Kiel 2008) 35–48.

N. H. Andersen, Frydenlund – Early neolithic settlement and »Barkaer« structures in the Sarup area. In: S. H. Kristian Brink et al. (Hrsg.), Neolithic Diversities. (Lund 2015) 117–127.

M. Andersson, Making place in the landscape: Early and Middle Neolithic societies in two west Scanian valleys. Skånska spår (Lund 2004).

M. Andersson et al. (Hrsg.), Stone Age Scania (Malmö 2004).

M. Andersson/M. Artursson/K. Brink, Early Neolithic Landscape and Society in Southwest Scania – New Results and Perspectives, Journal of Neolithic Archaeology 18, 2016, 23–114.

M. Artursson et al., Byggnadskultur i södra & mellersta Skandinavien. In: M. Svensson (Hrsg.), I det Neolitiska rummet. Skånska spår (Lund 2003) 40–171.

J. J. Assendorp, Die Häuser der Trichterbecherkultur in Nordwestniedersachsen. Berichte zur Denkmalpflege in Niedersachsen 4, 1999, 180–185.

J. J. Assendorp, Die Bauart der trichterbecherzeitlichen Gebäude von Pennigbüttel, Niedersachsen. In: Vom Pfostenloch zum Steinzeithaus: Archäologische Forschung und Rekonstruktion jungsteinzeitlicher Haus- und Siedlungsbefunde im nordwestlichen Mitteleuropa (Albersdorf 2000) 116–125.

J. A. Bakker, The TRB West Group. Studies in Chronology and Geography of the Makers of Hunebeds and Tiefstich Pottery (Amsterdam 1979).

J. A. Bakker, The Dutch Hunebedden. Megalithic Tombs of the Funnel Beaker Culture. International Monographs in Prehistory. Archaeological Series 2 (Ann Arbor 1992).

J. A. Bakker, Opfer mit Trichterbecherkeramik in Gewässern und Brunnen. In: H. Koschik (Hrsg.), Brunnen der Jungsteinzeit. Internationales Symposium in Erkelenz 27.–29.10.1997. Materialien zur Bodendenkmalpflege im Rheinland 11 (Köln 1998) 149–164.

J. A. Bakker, Die neolithischen Wagen im nördlichen Mitteleuropa. In: M. Fansa/S. Burmeister (Hrsg.), Rad und Wagen. Der Ursprung einer Innovation. Wagen im Vorderen Orient und in Europa. Beiheft der Archäologischen Mitteilungen aus Nordwestdeutschland 40 (Mainz 2004) 283–294.

J. A. Bakker, Megalithic Research in the Netherlands (1547–1911). From Giant's Beds and Pillars of Hercules to accurate investigations (Leiden 2010).

J. A. Bakker/S. Bloo/M. K. Dütting (Hrsg.), From funeral monuments to household pottery. Current advances in Funnel Beaker Culture (TRB/TBK) research. BAR International Series 2474 (Oxford 2013).

J. A. Bakker et al., The Earliest Evidence Of Wheeled Vehicles In Europe And The Near East. Antiquity 73/282, 1999, 778–790.

A. Bauerochse, Environmental change and its influence on trackway construction and settlement in the southwestern Dümmer area. In: A. Bauerochse/H. Haßmann (Hrsg.), Peatlands. Archaeological sites – archives of nature – nature conservation – wise use. Proceedings of the Peatland Conference 2002 in Hannover, Germany. (Rahden/Westf. 2009) 68–78.

H.-J. Beier, Die megalithischen, submegalithischen und pseudomegalithischen Bauten sowie die Menhire zwischen Ostsee und Thüringer Wald. Beiträge zur Ur- und Frühgeschichte Mitteleuropas 1 (Hamburg 1991).

A. Bock/M. Mennenga, Wasser, Landschaft und Gesellschaft. Studien zum Ressourcenmanagment trichterbecherzeitlicher Gesellschaften. Frühe Monumentalität und soziale Differenzierung 10 (Bonn 2016).

H. Bock/B. Fritsch/L. Mittag (Hrsg.), Die Großsteingräber der Altmark (Halle 2006).

K. H. Brandt, Nichtjägerische Elemente im nordwestdeutschen Flachland vor der Trichterbecherkultur. Die Kunde N. F. 53, 2002, 87–108.

K. Brink et al. (Hrsg.), Neolithic Diversities. Perspectives from a conference in Lund, Sweden. Acta Archaeologica Lundensia, Series in 8o, No. 65. (Lund 2015).

J. P. Brozio, Megalithanlagen und Siedlungsmuster im trichterbecherzeitlichen Ostholstein. Frühe Monumentalität und soziale Differenzierung 9 (Bonn 2016).

J. P. Brozio et al., A Middle Neolithic Well from Northern Germany: A Precise Source to Reconstruct Water Supply Management, Subsistence Economy, and Deposition Practices. Journal of Archaeological Science http://dx.doi.org/10.1016/j.jas.2013.03.029, 2013

S. Burmeister (Hrsg.), Rad und Wagen: der Ursprung einer Innovation: Wagen im Vorderen Orient und Europa: eine Ausstellung des Landesmuseums für Natur und Mensch Oldenburg März–Juni 2004 (Oldenburg 2004).

C. Butruille et al., Reconstruction of winter temperatures in northern Europe over the mid- to late Holocene using

Das Großsteingrab vom Küsterberg bei Haldensleben-Hundisburg während der Ausgrabung durch das Schwerpunktprogramm im Jahr 2012. Mindestens 137 Megalithgräber bilden im Haldensleber Forst einen der dichtesten Verbreitungsschwerpunkte entsprechender Anlagen in Nordmitteleuropa.

benthic foraminifera Mg/Ca and d18O from the Skagerrak. Holocene 2016.

A. Czekaj-Zastawny/T. Terberger/J. Kabaciński, Long distance exchange in the central European Neolithic: Hungary to the Baltic. Antiquity, 85,327 (2011) 2011, 43–58.

D. Demnick et al., Das Großsteingrab Lüdelsen 3 in der westlichen Altmark (Sachsen-Anhalt) – Vorbericht zur Ausgrabung 2007 und zum Pollenprofil vom Beetzendorfer Bruch. Jahresschrift für mitteldeutsche Vorgeschichte 92, 2008 (2011), 232–308.

H. Dibbern, Das trichterbecherzeitliche Westholstein. Frühe Monumentalität und soziale Differenzierung 8 (Bonn 2016).

S. Diers et al., The Western Altmark versus Flintbek – palaeoecological research on two megalithic regions. Journal of Archaeological Science 41, 2013 (2014), 185–198.

W. Dörfler et al., A high-quality annually laminated sequence from Lake Belau, Northern Germany: Revised chronology and its implications for palynological and tephrochronological studies. The Holocene 2012; DOI: 10.1177/0959683612449756

W. Dörfler/W. Kirleis/J. Müller (Hrsg.), MEGALITHsite CAU. Ein Großsteingrab zum Anfassen (Hamburg 2015).

S. Dreibrodt et al., Witterungs- und Umweltgeschichte während der norddeutschen Trichterbecherkultur – rekonstruiert auf Basis mikrofazieller Untersuchungen an jahresgeschichteten Seesedimenten. In: M. Hinz/J. Müller (Hrsg.), Siedlung, Grabenwerk, Großsteingrab. Studien zu Gesellschaft, Wirtschaft und Umwelt der Trichterbechergruppen im nördlichen Mitteleuropa. Frühe Monumentalität und soziale Differenzierung 2 (Bonn 2012) 145–158.

K. Ebbesen, Die jüngere Trichterbecherkultur auf den dänischen Inseln (Kopenhagen 1975).

K. Ebbesen, Die nordischen Bernsteinhorte der Trichterbecherkultur. Prähistorische Zeitschrift 70, 1995, 32–89.

M. Fansa, Die Keramik der Trichterbecherkultur aus den Megalith- und Flachgräbern des oldenburgischen Raumes. Göttinger Schriften zur Ur- und Frühgeschichte 20 (Neumünster 1982).

M. Fansa, Großsteingräber zwischen Weser und Ems (Oldenburg 1992).

I. Feeser/W. Dörfler, The Early Neolithic in pollen diagrams from eastern Schleswig-Holstein and Western Mecklenburg – evidence for a 1000 years cultural adaptive cycle? In: J. Kabacinski et al. (Hrsg.), The Dabki Site in Pomerania and the Neolithisation of the North European Lowlands (c. 5000–3000 calBC) (Rahden/Westf. 2015) 291–306.

I. Feeser et al., New insight into regional and local landuse and vegetation patterns in eastern Schleswig-Holstein during the Neolithic. In: M. Hinz/J. Müller (Hrsg.), Siedlung, Grabenwerk, Großsteingrab. Studien zu Gesellschaft, Wirtschaft und Umwelt der Trichterbechergruppen im nördlichen Mitteleuropa. Frühe Monumentalität und soziale Differenzierung 2 (Bonn 2012) 159–191.

R. Fernandes et al., Revisiting the chronology of northern German monumentality sites: preliminary results. In: H. M./M. J. (Hrsg.), Siedung, Grabenwerk, Großsteingrab (Bonn 2013) 87–103.

R. Fernandes et al., Food Reconstruction Using Isotopic Transferred Signals (FRUITS): a Bayesian model for diet reconstruction. PLOS ONE 9(2) e87436, 2014.

R. Fernandes et al. Quantitative diet reconstruction of a Neolithic population using a Bayesian mixing model (FRUITS): the case study of Ostorf (Germany) American Journal of Physical Anthropology 2015.

U. Fischer, Die Gräber der Steinzeit im Saalegebiet (Berlin 1956).

B. Fritsch et al., Dichtezentren und lokale Gruppierungen – Eine Karte zu den Großsteingräbern Mittel- und Nordeuropas. www.jungsteinsite.de (Artikel vom 20.10.2010), 2010, 1–6.

B. Fritsch/J. Müller, Großsteingräber in Sachsen Anhalt. In: S. O. Hans-Jürgen Beier et al. (Hrsg.), Finden und Verstehen. Festschrift für Thomas Weber zum sechzigsten Geburtstag. Beiträge zur Ur- und Frühgeschichte Mitteleuropas 66 (Langenweißbach 2012) 64–80.

M. Furholt, A Virtual and a Practiced Neolithic? Material Culture, Symbolism, Monumentality and Identities in the Western Baltic Region In: M. Furholt/F. Lüth/J. Müller (Hrsg.), Monuments and Identities. Early Monuments and Neolithic Societies from the Atlantic to the Baltic. Frühe Monumentalität und soziale Differenzierung 1 (Bonn 2011) 107–120.

M. Furholt et al. (Hrsg.), Landscapes, Histories and Societies in the northern European Neolithic. Frühe Monumentalität und soziale Differenzierung 4 (Bonn 2014).

M. Furholt/F. Lüth/J. Müller (Hrsg.), Megaliths and Identities. Early Monuments and Neolithic Societies from the Atlantic to the Baltic. Frühe Monumentalität und soziale Differenzierung 1 (Bonn 2011).

W. Gebers, Prospektion ins Ungewisse, Entdeckungen in der jungsteinzeitlichen Siedlung von Rullstorf. Berichte zur Denkmalpflege in Niedersachsen, 23,1 (2003) 2003, 6–8.

M. Geschwinde/D. Raetzel-Fabian, EWBSL. Eine Fallstudie zu den jungneolithischen Erdwerken am Nordrand der Mittelgebirge (Rahden 2009).

H. Gloerstad/C. Prescott (Hrsg.), Neolithisation as if history mattered. Processes of Neolithisation in North-Western Europe (Lindome 2009).

A. Glykou, Neustadt LA156. Ein submariner Fundplatz des späten Mesolithikums und des frühesten Neolithikums in Schleswig-Holstein (Kiel 2016).

I. M. Grohmann, Die Ertebølle- und frühtrichterbecherzeitliche Keramik aus Wangels, Kr. Ostholstein. In: D. Gronenborn/J. Petrasch (Hrsg.), Die Neolithisierung Mitteleuropas (Mainz 2010) 407–422.

F. Hage, Büdelsdorf/Borgstedt: eine trichterbecherzeitliche Kleinregion – Siedlung, Grabenwerk, nichtmegalithische und megalithische Grabanlagen. Frühe Monumentalität und soziale Differenzierung (Bonn 2016).

S. Hartz, Aktuelle Forschungen zur Chronologie und Siedlungsweise der Ertebølle- und frühesten Trichterbecherkultur in Schleswig-Holstein. In: Bodendenkmalpfl. Mecklenburg-Vorpommern, Jahrb. 52, 2004 (2005) 61–81.

S. Hartz, Early Funnel Beaker pottery from Lübeck-Genin in northern germany. In: J. Kabacinski et al. (Hrsg.), The Dabki Site in Pomerania and the Neolithisation of the North European Lowlands (c. 5000–3000 calBC) (Rahden/Westf. 2015) 453–464.

S. Hartz/H. Lübke, Zur chronostratigraphischen Gliederung der Ertebølle-Kultur und frühesten Trichterbecherkultur in der südlichen Mecklenburger Bucht. Bodendenkmalpflege in Mecklenburg-Vorpommern. In: Bodendenkmalpfl. Mecklenburg-Vorpommern, Jahrb. 52, 2004 (2005) 119–143.

I. Hildebrandt-Radke et al. (Hrsg.), Pressure in the Neolithic and the Bronze Age on the Central European Lowlands. Studien zur Archäologie in Ostmitteleuropa 7 (Poznan 2012).

H. Hingst, Eine neolithische Jagdstation in Hobbersdorf, Gemeinde Ratekau, Kreis Ostholstein. Offa, 47, 1990, 35–56.

H. Hingst, Handwerkerplätze der jüngeren Stein- und der älteren Bronzezeit in Frestedt, Kreis Dithmarschen. Offa, 47, 1990, 57–84.

C. Hinrichsen, Das Neolithikum auf den Nordfriesischen Inseln. Universitätsforschungen zur Prähistorischen Archäologie 133 (Bonn 2006).

M. Hinz, Neolithische Siedlungsstrukturen im südöstlichen Schleswig-Holstein. Frühe Monumentalität und soziale Differenzierung 3 (Bonn 2014).

M. Hinz et al., Demography and the intensity of cultural activities: an evaluation of Funnel Beaker Societies (4200–2800 cal BC). Journal of Archaeological Science 39, 2012, 3331–3340.

M. Hinz/J. Müller (Hrsg.), Siedlung, Grabenwerk, Großsteingrab. Studien zu Gesellschaft, Wirtschaft und Umwelt der Trichterbechergruppen im nördlichen Mitteleuropa. Frühe Monumentalität und soziale Differenzierung 2 (Bonn 2012).

B. Höhn, Die Michelsberger Kultur in der Wetterau. Universitätsforschungen zur prähistorischen Archäologie 87 (Bonn 2002).

J. Hoika, Das Mittelneolithikum zur Zeit der Trichterbecherkultur in Nordostholstein. Untersuchungen zur Archäologie und Landschaftsgeschichte. Offa-Bücher 61 (Neumünster 1987).

J. Hoika, Zum Übergang vom Früh- zum Mittelneolithikum in der Trichterbecherkultur. In: D. Jankowska (Hrsg.), Die Trichterbecherkultur. Neue Forschungen und Hypothesen (Poznan 1990) 197–217.

J. Hoika/J. Meurers-Balke (Hrsg.), Beiträge zur frühen Trichterbecherkultur im westlichen Ostseegebiet. 1. Internationales Trichterbechersymposium Schleswig 1985 (Neumünster 1994).

D. Jankowska (Hrsg.), Die Trichterbecherkultur. Neue Forschungen und Hypothesen. Material des Internationalen Symposiums Dymaczewo 1988 (Poznan 1990/91).

J. Kabacinski et al. (Hrsg.), The Dabki Site in Pomerania and the Neolithisation of the North European Lowlands (c. 5000–3000 calBC) (Rahden/Westf. 2015).

S. Kadrow/P. Włodarczak (Hrsg.), Environment and subsistence – forty years after Janusz Kruk's »Settlement studies«. Studien zur Archäologie in Ostmitteleuropa 11 (Rzeszów, Bonn 2013).

P. Karsten/B. Knarrström, Tågerup specialstudier. Skånska Spår – Arkeologi Längs Västkustbanan (Lund 2001).

W. Kirleis et al., New results on crop growing and gathering in the northern German Neolithic. Vegetation History and Archaeobotany 21 DOI: 10.1007/s00334-011-0328-9, 2011.

W. Kirleis/S. Klooß, More than simply fallback food? Social context of plant use in the northern German Neolithic. In: A. Chevalier/E. Marinova/L. Peña-Chocarro, (Hrsg.), Plants and people. Choices and diversity through time. Earth Serie 1 (Oxford 2104) 428–466.

W. Kirleis/E. Fischer, Neolithic cultivation of tetraploid free threshing wheat in Denmark and northern Germany: implications for crop diversity and societal dynamics of the Funnel Beaker Culture, Special issue: Farming in the forest. Ecology and economy of fire in prehistoric Agriculture. Vegetation History and Archaeobotany 23, Supplement 1, 2014, 81–96

E. Kirsch, Beiträge zur älteren Trichterbecherkultur in Brandenburg. Forschungen zur Archäologie im Land Brandenburg 2 (Potsdam 1994).

L. Klassen, Frühes Kupfer im Norden (Moesgaard 2001).

L. Klassen, Jade und Kupfer: Untersuchungen zum Neolithisierungsprozess im westlichen Ostseeraum unter besonderer Berücksichtigung der Kulturentwicklung Europas 5500–3500 BC. Jutland Archaeological Society publications (Højbjerg 2004).

L. Klassen, Along the Road. Aspects of Causewayed Enclosures in South Scandinavia and Beyond (Aarhus 2014).

L. Klassen/P. Pétrequin/S. Cassen, The power of attraction … Zur Akkumulation sozial wertbesetzter alpiner Artefakte im Neolithikum Nord- und Westeuropas. In: S. Hansen/J. Müller (Hrsg.), Sozialarchäologische Perspektiven: Gesellschaftlicher Wandel 5000–1500 v. Chr. zwischen Atlantik und Kaukasus. Internationale Tagung 15.–18. Oktober 2007 in Kiel (Berlin 2011) 1–28.

L. Klassen/S. Stürup, Decoding the Riesebusch-copper: lead-isotope analysis applied to early neolithic copper finds from South Scandinavia. Prähistorische Zeitschrift, 76,1 (2001) 2001, 55–73.

S. Klatt, Die neolithischen Einhegungen im westlichen Ostseeraum. Forschungsstand und Forschungsperspektiven. In: T. Terberger (Hrsg.), Neue Forschungen zum Neolithikum im Ostseeraum (Rahden/Westf. 2009) 7–134.

F. Klimscha, Pietrele 1: Beile und Äxte aus Stein. Archäologie in Eurasien 34 (Bonn 2016).

S. Klooß, Mit Einbaum und Paddel zum Fischfang. Holzartefakte von endmesolithischen und frühneolithischen Küstensiedlungen an der südwestlichen Ostseeküste (Neumünster 2015).

H. Knöll, Die nordwestdeutsche Tiefstichkeramik und ihre Stellung im nord- und mitteleuropäischen Neolithikum (Münster 1959).

E. Koch, Neolithic bog pots from Zealand, M¢n, Falster. Nordisk Fortidsminder Ser. B 16 (Kopenhagen 1998).

R. Kossian, Nichtmegalithische Grabanlagen der Trichterbecherkultur in Deutschland und den Niederlanden (Halle 2005).

R. Kossian, Hunte 1: Ein mittel- bis spätneolithischer und frühbronzezeitlicher Siedlungsplatz am Dümmer, Ldkr. Diepholz (Niedersachsen) (Hannover 2007).

B. Krause-Kyora, Allowen Evin, Linus Girdland Flink, Keith Dobney, Greger Larson, Sönke Hartz, Stefan Schreiber, Claus von Carnap-Bornheim, Nicole von Wurmb-Schwark, Almut Nebel, Use of domesticated pigs by Mesolithic hunter-gatherers in northwestern Europe. Nature Communication 4:2348 2013, 1–7.

L. Laporte/L. Bedault, Des premiers paysans aux premiers métallurgistes sur la façade atlantique de la France (3500–2000 av. J.-C. (Chauvigny 2009).

L. Larsson/F. Lüth/T. Terberger (Hrsg.), Innovation und Kontinuität – Nichtmegalithische Bestattungspraktiken im Baltikum. Bericht der Römisch-Germanischen Kommission, 88, 2007 (2009), 267–603.

F. Laux, Die Trichterbechergruppen zwischen Elbe und Ems (Niedersachsen). In: D. Jankowska (Hrsg.), Die Trichterbecherkultur. Neue Forschungen und Hypothesen (Poznan 1990) 181–195.

E. J. Lee et al., Collective burials among agro-pastoral societies in later Neolithic Germany: perspectives from ancient DNA. Journal of Archaeological Science doi:10.1016/j.jas.2012.08.037, 2012.

C. Lichter, Jungsteinzeit im Umbruch: die »Michelsberger Kultur« und Mitteleuropa vor 6000 Jahren (Darmstadt 2010).

T. Link/H. Peter-Röcher (Hrsg.), Gewalt und Gesellschaft. Universitätsforschungen zur Prähistorischen Archäologie 259 (Bonn 2014).

L. P. Louwe Kooijmans/P. F. B. Jongste, Schipluiden: a neolithic settlement on the Dutch North Sea coast c. 3500 CAL BC. Analecta Praehistorica Leidensia (Leiden 2006).

H. Lübke, Die Steinartefakte: technologisch-ergologische Studien zum Nordischen Frühneolithikum. Die Steinzeitlichen Fundplätze Bebensee LA 26 und LA 76, Kreis Segeberg. (Neumünster 2000).

H. Lübke/F. Lüth/T. Terberger, Fishers or farmers? The archaeology of the Ostorf cemetery and related Neolithic finds in the light of new data. Bericht der Römisch-Germanischen Kommission 88 (2007), 2009, 307–338.

T. Madsen, Earthern long barrows and timber structures: aspects of the Early mortuary in Denmark. Proceedings of the Prehistoric Society 45, 1979, 301–320.

M. Mennenga, Zwischen Elbe und Ems – Die Siedlungen der Trichterbecherkultur in Nordwestdeutschland. Frühe Monumentalität und soziale Differenzierung (Bonn 2017).

M. Mennenga et al., Ein neuer Hausgrundriss der Trichterbecher-Westgruppe aus Visbek (Lkr. Vechta). Archäologisches Korrespondenzblatt 43, 2013, 499–507.

A. Metzler, Early Neolithic peatland sites around lake Dümmer. In: A. Bauerochse/H. Haßmann (Hrsg.), Peatlands. Archaeological sites – archives of nature – nature conservation – wise use. Proceedings of the Peatland Conference 2002 in Hannover, Germany. (Rahden/Westf. 2009) 62–67.

J. Meurers-Balke, Siggeneben-Süd. Ein Fundplatz der frühen Trichterbecherkultur an der holsteinischen Ostseeküste. Offa-Bücher 50 (Neumünster 1983).

J. Meurers-Balke et al., Neukirchen-Bostholm, Kreis Schleswig-Flensburg. Ein Siedlungsplatz der mittelneolithischen Trichterbecherkultur an der Flensburger Außenförde. Offa 42, 1985, 273–345.

M. S. Midgley, TRB culture: the first farmers of the North European plain (Edinburgh 1992).

M. S. Midgley, The Monumental Cemeteries of Prehistoric Europe (Gloucestershire 2005).

M. S. Midgley, The megaliths of Northern Europe (London; New York 2008).

D. Mischka, NoNeK – ein Aufnahmesystem für steinzeitliche Keramik Nordmitteleuropas. Bericht der Römisch-Germanischen Kommission, 89, 2008 (2011), 47–59.

D. Mischka, The Neolithic burial sequence at Flintbek LA 3, north Germany, and its cart tracks: a precise chronology. Antiquity 85, 329, 2011, 742–758.

D. Mischka/G. Roth/K. Struckmeyer, Michelsberg und Oxie in contact next to the Baltic Sea. In: J. Kabacinski et al. (Hrsg.), The Dabki Site in Pomerania and the Neolithisation of the North European Lowlands (c. 5000–3000 calBC) (Rahden/Westf. 2015) 465–477.

J. Müller, Kupfer, Megalithen und neue Technologien. In: A. Jockenhövel (Hrsg.), WBG Weltgeschichte. Eine globale Geschichte von den Anfängen bis ins 21. Jahrhundert, Band I: Grundlagen der globalen Welt (Darmstadt 2009) 297–328.

J. Müller, Rituelle Kooperation und Rituelle Kollektivität: Zur Sozialstruktur der mittleren und jüngeren Trichterbecher-Nordgruppe (3500–2800 v. Chr.). In: S. Hansen/J. Müller (Hrsg.), Sozialarchäologische Perspektiven: Gesellschaftlicher Wandel 5000–1500 v. Chr. zwischen Atlantik und Kaukasus (Tagung Kiel 2007). Archäologie in Eurasien 24 (Mainz 2011) 139–152.

J. Müller, Bemerkungen zur sozialen Relevanz des roten Helgoländer Flints. The social significance of red Heligoland flint. Siedlungs- und Küstenforschung im südlichen Nordseegebiet 37, 2013, 189–193.

J. Müller, Mesolithisch-neolithisch: Zur Entwicklung von Hütten und Häusern im südlichen Skandinavien und nördlichen Mitteleuropa. Offa 69/70, 2013, 249–264.

J. Müller, Missed Innovation: the Earliest Copper Daggers in Northern Central Europe and Southern Scandinavia. In: S. Bergerbrant/S. Sabatini (Hrsg.), Counterpoint: Essays in Archaeology and Heritage Studies in Honour of Professor Kristian Kristiansen. BAR International Series 2508 (Oxford 2013) 443–448.

J. Müller, Vom Muschelhaufen zum Langhügel: Ertebølle und Trichterbecher – Landschaften als divergierende Raumkonzepte. In: S. Hansen/T. Meier (Hrsg.), Landschaften als divergierende Raumkonzepte (Berlin 2013) 133–153.

J. Müller (Hrsg.) Exploring Landscapes – The Reconstruction of Social Space. Investigations on Prehistorical and Historical Societies and the Environment (Bonn 2104).

J. Müller, 8 Million Neolithic Europeans: Social Demography and Social Archaeology on the Scope of Change – from the Near East to Scandinavia. In: K. Kristiansen/ L. Smejda/J. Turek (Hrsg.), Paradigm Change. Studien zur Archäologie in Ostmitteleuropa 10 (Oxford 2015) 200–214.

J. Müller, Occupy time. In: S. H. Kristian Brink et al. (Hrsg.), Neolithic Diversities. Perspectives from a conference in Lund, Sweden. Acta Archaeologica Lundensia, Series in 8o, No. 65. (Lund 2015) 153–163.

J. Müller et al., Landscapes as Social Spaces and Ritual Meaning: Some New Results on TRB in Northern Germany. In: J. A. Bakker/S. B. C. Bloo/M. K. Dütting (Hrsg.), From Funeral Monuments to Household Pottery. Current advances in Funnel Beaker Culture (TRB/TBK) research (Proceedings of the BorgerMeetings 2009, The Netherlands). B.A.R. Int. Ser. 2474 (Oxford 2013) 51–80.

J. Müller et al., Periodisierung der Trichterbecher-Gesellschaften. Ein Arbeitsentwurf. www.jungsteinsite.de (Artikel vom 29.10.2010), 2010, 1–6.

J. Müller/H. Dibbern/F. Hage, Non-megalithic mounds beneath megaliths: A new perspective on monumentality in North Central Europe. In: M. Furholt et al. (Hrsg.), Landscapes, Histories and Societies in the Northern European Neolithic (Bonn 2014) 171–183.

J. Müller/K. Staude, Typologien, Vertikalstratigraphien und absolutchronologische Daten: Zur Chronologie des nordwestmecklenburgischen Trichterbecherfundplatzes Triwalk. In: M. Hinz/J. Müller (Hrsg.), Siedlung, Grabenwerk, Großsteingrab. Studien zu Gesellschaft, Wirtschaft und Umwelt der Trichterbechergruppen im nördlichen Mitteleuropa. Frühe Monumentalität und soziale Differenzierung 2 (Bonn 2012) 35–60.

E. Nagel, Ein Siedlungsplatz der Trichterbecherkultur in Glasow, Kr. Pasewalk. Jahrbuch der Bodendenkmalpflege in Mecklenburg 1979, 1980, 7–38.

O. Nakoinz, Ausgewählte Parameter der Lage von Wegen und Monumenten als Proxy für soziale Prozesse prähistorischer Gesellschaften. In: M. Hinz/J. Müller (Hrsg.), Siedlung, Grabenwerk, Großsteingrab. Studien zu Gesellschaft, Wirtschaft und Umwelt der Trichterbechergruppen im nördlichen Mitteleuropa. Frühe Monumentalität und soziale Differenzierung 2 (Bonn 2012) 445–456.

O. Nelle/W. Dörfler, A summary of the Late- and Postglacial vegetation history of Schleswig-Holstein. In: J. Dengler/C. Dolnik/M. Trepel (Hrsg.), Flora, Vegetation, and Nature Conservation from Schleswig-Holstein to South America – Festschrift for Klaus Dierßen on Occasion of his 60th Birthday, Mitt. Arbeitsgem. Geobot. Schleswig-Holstein Hamb. 65 (Kiel 2008) 45–68.

I. Nilius, Das Neolithikum in Mecklenburg zur Zeit und unter besonderer Berücksichtigung der Trichterbecherkultur (Schwerin 1971).

P. O. Nielsen, Die Flintbeile der frühen Trichterbecher in Dänemark. Acta Archaeologica 48, 1977, 61–138.

P. O. Nielsen et al. (Hrsg.), Solstensöen. Pa sporet af Bornholms bondestander (Rönne 2014).

I. Nilius, Das Neolithikum in Mecklenburg zur Zeit und unter besonderer Berücksichtigung der Trichterbecherkultur. Beiträge zur Ur- und Frühgeschichte der Bezirke Rostock, Schwerin und Neubrandenburg 5 (Schwerin 1971).

H. Peter-Röcher, Gewalt und Krieg im prähistorischen Europa. Universitätsforschungen zur Prähistorischen Archäologie 143 (Bonn 2007).

P. Pétrequin et al., JADE. Grandes haches alpines du Néolithique européen. Ve et IVe millénaires av. J.-C. (Besançon 2012).

H.-O. Pollmann, Die Galeriegräber von Warburg. Die Skelette aus der Galeriegrabnekropole von Warburg und aufgehende Steinmauern in der Siedlung Warburg-Menne. In: T. Otten/J. Kunow/M. M. Rind/M. C. Trier (Hrsg.), Revolution jungSteinzeit: Archäologische Landesausstellung Nordrhein-Westfalen. Schriften zur Bodendenkmalpflege in Nordrhein-Westfalen (Darmstadt 2015) 395–398.

J. Preuss, Die altmärkische Gruppe der Tiefstichkeramik. Veröffentlichungen des Landesmuseums für Vorgeschichte in Halle 33 (Berlin 1980).

D. C. M. Raemaekers/L. Kubiak-Martens/T. F. M. Oudemans, New food in old pots – charred organic residues in early neolithic ceramic vessels from Swifterbant, the Netherlands (4300–4000 BC). Archäologisches Korrespondenzblatt 43, 2013, 315–334.

K. Rassmann/G. Schafferer, Demography, Social Identities, and the Architecture of Megalithic Graves in the South-Western Baltic Area. In: M. Hinz/J. Müller (Hrsg.), Siedlung, Grabenwerk, Großsteingrab. Studien zu Gesellschaft, Wirtschaft und Umwelt der Trichterbechergruppen im nördlichen Mitteleuropa. Frühe Monumentalität und soziale Differenzierung 2 (Bonn 2012) 107–120.

M. Rech, Studien zu Depotfunden der Trichterbecher- und Einzelgrabkultur des Nordens. Offa-Bücher 39 (Neumünster 1979).

P. B. Richter, Das neolithische Erdwerk von Walmstorf, Ldkr. Uelzen: Studien zur Besiedlungsgeschichte der Trichterbecherkultur im südlichen Ilmenautal (Oldenburg 2002).

C. Rinne, Pfeilköpfe der Trichterbecherzeit – Typologie und Funktionalität. Archäologische Informationen 24, 1, 2001, 75–91.

E. Rudebeck, I trästodernas skugga – monumentala möten i neolitiseringens tid. In: B. Nilsson/E. Rudebeck (Hrsg.), Arkeologiska och förhistoriska världar (Malmö 2009) 83–252.

S. Rzepecki, The roots of megalithism in the TRB culture (Lodz 2011).

S. Schiesberg, Bevölkerungsdichten und Populationsgrößen in der Trichterbecherzeit. Eine hermeneutische Diskussion. In: M. Hinz/J. Müller (Hrsg.), Siedlung, Grabenwerk, Großsteingrab. Studien zu Gesellschaft, Wirtschaft und Umwelt der Trichterbechergruppen im nördlichen Mitteleuropa. Frühe Monumentalität und soziale Differenzierung 2 (Bonn 2012) 121–143.

H. Schirnig (Hrsg.), Großsteingräber in Niedersachsen (Hildesheim 1979).

M. C. Schirren, Studien zur Trichterbecherkultur in Südostholstein. Universitätsforschungen zur Prähistorischen Archäologie 42 (Bonn 1997).

E. Schlicht, Das Megalithgrab 7 von Groß Berßen, Kreis Meppen. Studien zur Keramik der Trichterbecherkultur im Gebiet zwischen Weser und Zuidersee. Göttinger Schriften zur Vor- und Frühgeschichte 12 (Neumünster 1972).

S. v. Schnurbein (Hrsg.), Atlas der Vorgeschichte: Europa von den ersten Menschen bis Christi Geburt (Stuttgart 2014).

A. Schülke (Hrsg.), Plds og rum i tragtbaegerkulturen. Nordiske Fortidminder 6 (Kopenhagen 2009).

E. Schuldt, Die mecklenburgischen Megalithgräber. Beitr. Ur- Frühgesch. Bezirke Rostock, Schwerin u. Neubrandenburg 6 (Berlin 1972).

T. Seregély, Wattendorf-Motzenstein – eine schnurkeramische Siedlung auf der Nördlichen Frankenalb. Universitätsforschungen zur prähistorischen Archäologie – Endneolithische Siedlungsstrukturen in Oberfranken I (Bonn 2007).

K.-G. Sjögren (Hrsg.), Ecology and Economy in Stone Age and Bronze Age Scania (Lund 2006).

J. Skaarup, Siedlungs- und Wirtschaftsstrukturen der Trichterbecherkultur in Dänemark. Offa 39, 1982, 39–52.

E. Sprockhoff, Kammerlose Hünenbetten im Sachsenwald. Offa 13, 1954, 1–16.

E. Sprockhoff, Atlas der Megalithgräber Deutschlands 1: Schleswig-Holstein (Bonn 1966).

E. Sprockhoff, Atlas der Megalithgräber Deutschlands 2: Mecklenburg-Brandenburg-Pommern (Bonn 1967).

E. Sprockhoff, Atlas der Megalithgräber Deutschlands 3: Niedersachsen-Westfalen (Bonn 1975).

B. Stapel, Begrabene Böden, Gräber, Häuser ... Der spätneolithische Fundplatz Heek-Ammerter Mark, Kr. Borken (Münsterland). In: T. Ottenet al. (Hrsg.), Revolution jungSteinzeit: Archäologische Landesausstellung Nordrhein-Westfalen. Schriften zur Bodendenkmalpflege in Nordrhein-Westfalen (Darmstadt 2015) 376–379.

K. Staude, Lineares Grubenwerk und Siedlungsplatz Triwalk, Landkreis Nordwestmecklenburg. Zur Chronologie der Trichterbecherkultur in Mecklenburg-Vorpommern. Online-Publikation (Kiel 2012).

J. Steffens, Die Bedeutung der Jagd in der Trichterbecherkultur. Archäologisches Korrespondenzblatt, 37,4 (2007), 471–487.

J. Steffens, Die neolithischen Fundplätze von Rastorf, Kreis Plön. Eine Fallstudie zur Trichterbecherkultur im nördlichen Mitteleuropa am Beispiel eines Siedlungsraumes. Universitätsforschungen zur prähistorischen Archäologie 170 (Bonn 2009).

M. Szmyt, Late Neolithic landscapes on the Polish Lowland: people, culture and economy in Kujawy, 4th and 3rd millennia BC. Studien zur Archäologie in Ostmitteleuropa (Bonn 2013).

J. Vogt, Der Fundplatz Brunn 17 im Landkreis Mecklenburg-Strelitz. Ergebnisse einer Grabung unter besonderer Berücksichtigung der trichterbecherzeitlichen Funde und Befunde. In: T. Terberger (Hrsg.), Neue Forschungen zum Neolithikum im Ostseeraum (Rahden/Westf. 2009) 135–236.

B. Woll, Das Totenritual der Frühen Nordischen Trichterbecherkultur. Saarbrücker Beiträge zur Altertumskunde (Bonn 2003).

G. Woltermann, Die prähistorischen Bernsteinartefakte aus Deutschland vom Paläolithikum bis zur Bronzezeit. Universitätsforschungen zur Prähistorischen Archäologie 290 (Bonn 2016).

M. Wunderlich/J. K. Koch/P. Dieck (Hrsg.), Denghoog – Großeibstadt – Rastorf, Studien zu neolithischen Gräbern und Häusern. Frühe Monumentalität und Soziale Differenzierung 5 (Bonn 2014).

M. Zápotocký, Streitäxte der Trichterbecherkultur: ihre Typologie, Chronologie und Funktion. In: Das Äneolithikum und die früheste Bronzezeit in Mitteleuropa: kulturelle und chronologische Beziehungen. Acta des XIV. Internationalen Symposiums Prag – Liblice 20.–24.10.1986 (Prag 1989) 95–103.

W. H. Zimmermann, Ein trichterbecherzeitlicher Hausgrundriß von Flögeln-Im Örtjen, Kr. Cuxhaven. Materialhefte zur Ur- und Frühgeschichte Niedersachsens 16 (Hannover 1980).

Bildnachweis

U1, U4 UFG Kiel, S. Jagiolla; U4m UFG Kiel, A. Heitmann; U4r UFG Kiel, S. Beyer; Frontispiz UFG Kiel, J. P. Brozio; S6 UFG Kiel, D. Demnick; S8 UFG Kiel, I. Feeser; S9o UFG Kiel, S. Beyer; S9u UFG Kiel, K. Winter/I. Reese; S10o UFG Kiel, B. Schulz Paulsson; S10u UFG Kiel, H. Dieterich; S11 UFG Kiel, S. Jagiolla; S12 UFG Kiel, J. Menne; S13 UFG Kiel, H. Dibbern; S14o UFG Kiel, I. Reese/M. Hinz/J. Müller; S14u UFG Kiel, A. Link; S15 UFG Kiel, F. Hage; S16 UFG Kiel, J.P. Brozio; S17 UFG Kiel, J. Müller; S18 UFG Kiel, F. Hage; S20 H. Zimmermann/H. Schirnig; S21, S22u, S26, S28, S29o, S31, S33o UFG Kiel, J.P. Brozio; S22o, S33u UFG Kiel, S. Beyer; S23–24 UFG Kiel M. Mennenga/R. Opitz; S27o UFG Kiel, H. Dibbern; S27u ALSH/UFG Kiel, F. Hage/G. Schäfer; S29u UFG Kiel/E. Sørensen; S30 UFG Kiel, A. Bock; S32 UFG Kiel, M. Mennenga/H. Zimmermann; S34 UFG Kiel, M. Mennenga/R. Opitz; S35 UFG Kiel, F. Hage; S36–37 UFG Kiel, S. Beyer; S38 UFG Kiel, J. Steffens/J. Müller/R. Opitz; S39 UFG Kiel, I. Feeser; S41 ALSH, S. Hartz; S43 GSHDL Kiel, B. Krause-Kyora; S44 UFG Kiel, D. Mischka; S45o, S47ul UFG Kiel/ALSH, D. Mischka/D. Stoltenberg; S45u UFG Kiel, S. Beyer; S46 UFG Kiel, W. Kirleis/K. Winter; S47o UFG Kiel, W. Kirleis; S47ur UFG Kiel, W. Kirleis/S. Beyer; S48 UFG Kiel, A. Heitmann; S49o UFG Kiel, W. Dörfler; S49u UFG Kiel, I. Feeser; S50 ÖSF Kiel, S. Dreibrodt; S51 UFG Kiel, J. Müller; S52 UFG Kiel, R. Fernandes/I. Reese; S53 UFG Kiel, H. Dieterich; S54 UFG Kiel/ALSH D. Mischka/D. Stoltenberg; S55 UFG Kiel, H. Dieterich/J. Müller; S56 UFG Kiel, J. Müller/K. Winter; S57 UFG Kiel, J. Müller/I. Reese; S58l UFG Kiel/ALSH F. Hage/M. Wohlert 1993; S58r UFG Kiel, F. Hage; S59 UFG Kiel, S. Beyer; S60 UFG Kiel, B. Fritsch/H.-R. Bork; S61o UFG Kiel/ALSH, F. Hage/J. Fischer; S61u UFG Kiel, J. Cordts/H. Skorna/J. Müller; S62 UFG Kiel, N. H. Andersen; S63 UFG Kiel, B. Schulz Paulsson; S64o ALSH/UFG Kiel, I. Reese/L. Hermannsen; S64u UFG Kiel, I. Reese; S65 UFG Kiel, M. Wunderlich; S66o UFG Kiel, K. Winter/J.P. Brozio; S66u UFG Kiel, S. Schiesberg; S67 CAU Kiel, M. Schüssler; S68 UFG Kiel, S. Schiesberg; S69 Uni Gothenburg, K.-G. Sjögren; S70 UFG Kiel, S. Jagiolla; S72–73 UFG Kiel, M. Wunderlich; S74 UFG Kiel, J. P. Brozio /DGM ©LVermGeo SH; S75 UFG Kiel, J.P. Brozio; S76, S78o UFG Kiel, S. Jagiolla; S77 UFG Kiel, S. Beyer; S78u UFG Kiel, H. Dibbern; S79 UFG Kiel, H. R. Bork/H. Dieterich; S80o ALSH/UFG Kiel, W. Bauch/F. Hage; S80u UFG Kiel, F. Hage / J. Fischer; S81 UFG Kiel, H. Dieterich/J. Müller/K. Winter; S82o, S83 UFG Kiel, C. Rinne; S82u UFG Kiel, A. Bock; S84, S87u UFG Kiel, H. Dibbern; S85o UFG Kiel, W. Kirleis; S85u, S87o UFG Kiel, S. Beyer; S86 UFG Kiel, H. Dibbern/R. Opitz; S88–89, S91, S93u UFG Kiel, F. Hage; S90 UFG Kiel/ALSH/CAU Kiel, F. Hage/G. Schäfer; S92 UFG Kiel, F. Hage; Grafik erstellt mit der CryENGINE°3 von Crytek; S93o UFG Kiel, S. Jagiolla; S94, S99 UFG Kiel, A. Heitmann; S95lo ALSH, S. Hartz; S95r UFG Kiel, J. Müller/K. Winter; S95lu, S97 UFG Kiel, S. Jagiolla; S96 UFG Kiel, J. P. Brozio/R. Opitz; S98 UFG Kiel/ALSH, S. Hartz; S101 UFG Kiel, M. Hinz/I. Reese; S102–103 UFG Kiel, M. Wunderlich; S104 A. Poppe; S112 UFG Kiel, J. Cordts/H. Skorna.

Leider ist es uns nicht immer möglich, den Rechtsinhaber ausfindig zu machen. Berechtigte Ansprüche werden selbstverständlich im Rahmen der üblichen Vereinbarungen abgegolten

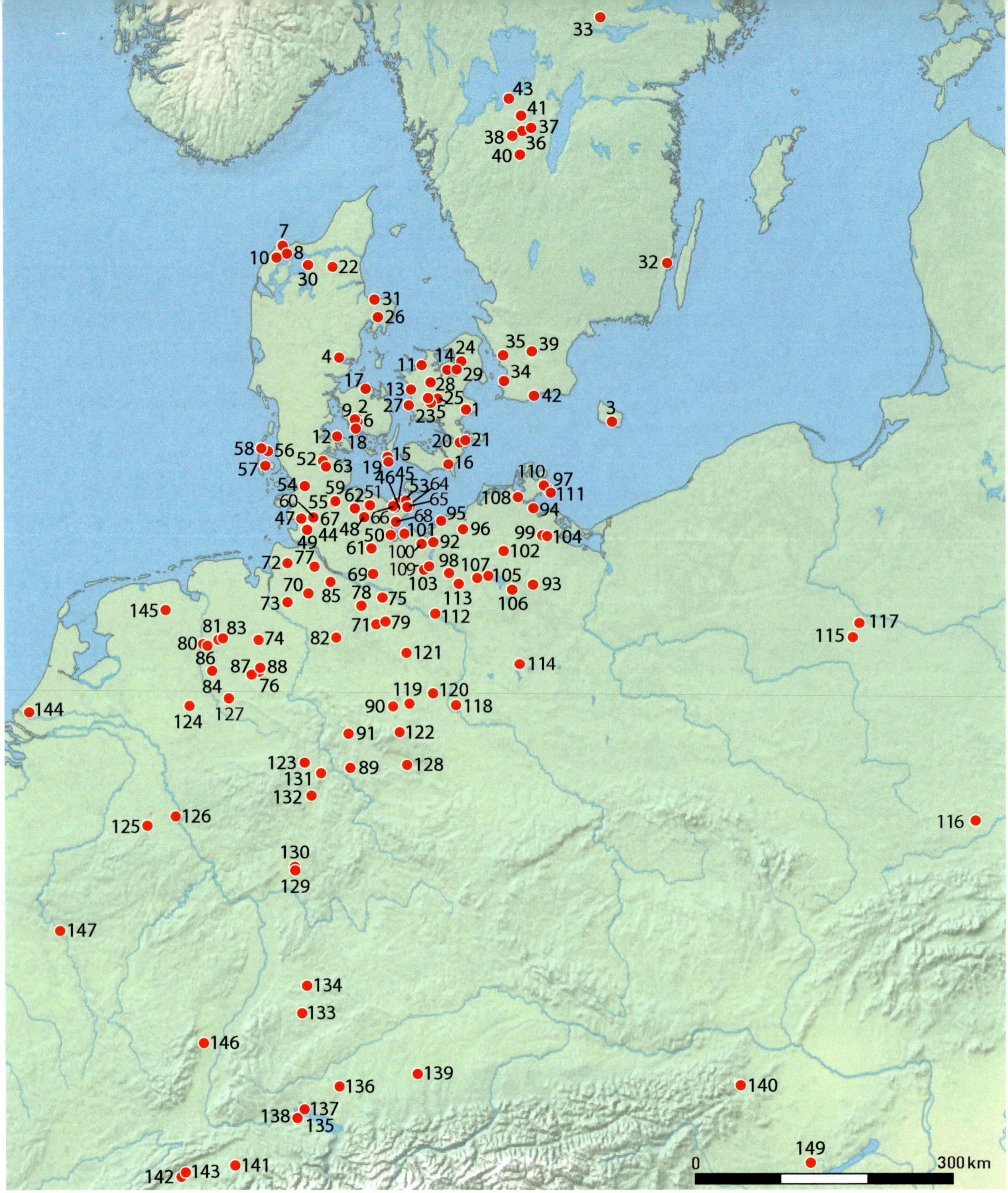

Übersichtskarte: Dänemark: 1 Tågerup • 2 Frydenlund • 3 Limensgård • 4 Bygholm • 5 Alstedgaard • 6 Damsbo • 7 Bjerre • 8 Hov • 9 Sarup • 10 Liselund • 11 Dragsholm • 12 Bundsø • 13 Rævehøj bei Dalby • 14 Kyndeløse • 15 Kinderballe • 16 Freijlev Skov • 17 Uggerslev • 18 Klokkehøj • 19 Fakkemose • 20 Bogø • 21 Röddinge • 22 Suldrup • 23 Kellerød • 24 Ølstykke • 25 Grøfte • 26 Barkaer • 27 Oleslyst • 28 Åkonge • 29 Roskilde Fjord • 30 Bjørnsholm Fjord • 31 Tustrup • **Deutschland:** 44 Albersdorf-Dieksnöll • 45 Oldenburg-Dannau • 46 Wangels-Meischensdorf • 47 Hemmingstedt LA 2 • 48 Stolpe-Depenau • 49 Frestedt LA 67 • 50 Ratekau-Hobbesdorf • 51 Rastorf • 52 Tastrup • 53 Neukirchen-Bostholm • 54 Schwesing • 55 Büdelsdorf • 56 Morsum, LA 2 • 57 Utersum, LA 19 • 58 Tinnum, LA 37 • 59 Borgstedt • 60 Albersdorf-Bredenoop • 61 Sachsenwald • 62 Flintbek • 63 Bistorf • 64 Siggeneben-Süd • 65 Rosenhof bei Grube • 66 Wangels • 67 Albersdorf-Brutkamp • 68 Neustadt • 69 Bad Oldesloe - Wolkenwehe • 70 Lavenstedt • 71 Wittenwater • 72 Flögeln • 73 Pennigbüttel • 74 Visbek-Uhlenkamp • 75 Rullstorf • 76 Hunte am Dümmer • 77 Himmelpforten-Löhe • 78 Eyendorf • 79 Walmsdorf • 80 Emmeln 2 • 81 Ostenwalde 1 • 82 Fallingbostel • 83 Werlte • 84 Thuine • 85 Bliedersdorf-Grundoldendorf • 86 Klein Stavern • 87 Campenmoor (Dümmer) • 88 Hunte 1 • 89 Obernjesa 18 • 90 Remlingen 6 • 91 Einbeck - Kühner Höhe • 92 Triwalk • 93 Carpin • 94 Gristow-Buckowberg • 95 Blengow • 96 Ziesendorf • 97 Lancken-Granitz • 98 Friedrichsruhe • 99 Liepen • 100 Naschendorf • 101 Barendorf • 102 Malchin • 103 Stralendorf • 104 Stolpe 11 • 105 Laschendorf • 106 Neufeld • 107 Plau • 108 Stralsund • 109 Ostorf - Toteninsel • 110 Tribberatz • 111 Alt-Reddevitz • 112 Lenzen • 113 Parchim-Löddigsee • 114 Buchow-Karpzow • 118 Wahlitz • 119 Schöningen • 120 Hundisburg-Olbetal • 121 Lüdelsen 6 • 122 Wernigerode • 123 Warburg-Menne • 124 Heek • 125 Langweiler 8 • 126 Köln-Lindenthal • 127 Lengerich-Wechte 2 • 128 Urbach • 129 Echzell-Wannkopf • 130 Ranstadt-Dauernheim • 131 Kassel-Calden • 132 Züschen • 133 Ditzingen-Stütze • 134 Heilbronn-Klingenberg • 135 Hörnle 2 • 136 Riedschachen 2 • 137 Sipplingen • 138 Hornstaad-Hörnle 5 • 139 Pestenacker • **Frankreich:** 146 Rosheim • 147 Mairy • 148 St. Michel • **Niederlande:** 144 Schipluiden • 145 Glimmen 2 • **Österreich:** 140 Stollhof • **Polen**: 115 Sarnowo • 116 Bronocice • 117 Brześć Kujawski • **Schweden:** 32 Tingby • 33 Skumparberget • 34 Almhov • 35 Saxtorp • 36 Rössberga • 37 Dala • 38 Gökhem • 39 Ringsjön • 40 Frälsegården • 41 Onskulle • 42 Skateholm • 43 Kinnekulle • **Schweiz:** 141 Egolzil 3 • 142 Lüscherz-Fluhstation • 143 Sutz-Lattrigen • **Ungarn:** 149 Csáford